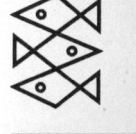

Die Reihe **Köpfe & Ideen** präsentiert große Forscher und Forscherinnen, die mit ihren revolutionären Ideen unser Bild der Welt beeinflußt und verändert haben. Anschaulich und anregend, kompetent und kompakt beschreiben die einzelnen Bände die Vorgeschichte und den »magischen Moment« der Entdeckung. Parallel dazu zeichnen sie ein Lebensbild dieser Männer und Frauen, die die Grenzen des Denkens ihrer Zeit sprengten und unser Wissen über die Welt und uns selbst erweiterten.

Weitere Bücher in dieser Reihe: ›Crick, Watson & die DNA‹, Bd. 14112; ›Newton & die Schwerkraft‹, Bd. 14116; ›Turing & der Computer‹, Bd. 14113; ›Archimedes & der Hebel‹, Bd. 14117 (in Vorbereitung); ›Bohr & die Quantentheorie‹, Bd. 14120 (in Vorb.); ›Die Curies & die Radioaktivität‹, Bd. 14121 (in Vorb.); ›Darwin & die Evolution‹, Bd. 14395 (in Vorb.); ›Einstein & die Relativität‹, Bd. 14114 (in Vorb.); ›Galilei & das Sonnensystem‹, Bd. 14118 (in Vorb.); ›Oppenheimer & die Bombe‹, Bd. 14119 (in Vorb.); ›Pythagoras & sein Satz‹, Bd. 14115 (in Vorb.).

Paul Strathern, geboren in London, studierte Philosophie und Mathematik. Er ist Autor zahlreicher Bücher, darunter mehrere Romane und Reisebeschreibungen. Er schreibt für verschiedene Magazine und Zeitungen (*The Observer, The Daily Telegraph, The Irish Times*). Strathern lebt mit seiner Familie in London.

Stephen Hawking ist vermutlich der bekannteste lebende Naturwissenschaftler. Sein Buch ›Eine kurze Geschichte der Zeit‹ wurde ein Welt-Bestseller. Seine Entdeckungen und Forschungen über Schwarze Löcher und Kosmologie gelten als wegweisende Schritte in eine neue Ära; seine Entdeckungen haben unsere Sicht auf die Welt und den Kosmos für immer verändert. Wie Hawking zu seinen Entdeckungen gekommen ist, was er tatsächlich entdeckt hat und warum es so großen Einfluß auf das Leben zukünftiger Generationen haben wird, beschreibt Strathern ebenso unterhaltsam wie informativ.

Köpfe

4

Paul Strathern
Hawking & die Schwarzen Löcher

Aus dem Englischen
von Xenia Osthelder

Fischer Taschenbuch Verlag

Deutsche Erstausgabe
Veröffentlicht im Fischer Taschenbuch Verlag GmbH,
Frankfurt am Main, Oktober 1998

Die englische Originalausgabe erschien 1997
unter dem Titel ›Hawking & Black Holes‹
im Verlag Arrow Books, London
Copyright © Paul Strathern, 1997
Für die deutsche Ausgabe
© 1998 Fischer Taschenbuch Verlag GmbH,
Frankfurt am Main
Redaktion: Felix Rudloff
Reihenkonzeption: Stephanie Keyl und Katja von Ruville
Frontispiz: AKG Berlin
Gesamtherstellung: Clausen & Bosse, Leck
Printed in Germany
ISBN 3-596-14111-7

Inhalt

11 Einleitung
15 Leben und Werk: Eine kurze Geschichte von Hawking
78 Große Augenblicke in der Geschichte des Universums
79 Bücher über Stephen Hawkings Leben und Werk

Köpfe

Einleitung

Köpfe

Man hat Stephen Hawking mit Dr. Seltsam verglichen, dem verrückten Wissenschaftler in Stanley Kubricks Filmklassiker, und die beiden verbindet in der Tat mehr als nur eine oberflächliche Ähnlichkeit, wenngleich Hawking natürlich kein von Angst gequälter Nazi ist. Doch wer mit Hawking zusammengearbeitet hat, spricht von einer ähnlichen Intensität unterschwelliger intellektueller Energie. Dr. Seltsam war zwar eine Parodie bloßer Willenskraft, jedoch vielschichtig, visionär und überwiegend geistig. Gleichzeitig ist Dr. Seltsam durch und durch Mensch. Seine Behinderung ändert nichts an der Intensität seiner Gefühle und Leidenschaften. Auch Hawking besteht darauf, ein ganz gewöhnlicher Mensch zu sein, und bringt dies durch sein Verhalten zum Ausdruck.

Dr. Seltsams Büro wird im Film nicht gezeigt. Ein idealer Drehort wäre Hawkings Arbeitszimmer in Cambridge gewesen, hätte man einen benötigt. Dessen Aura des Schweigens und konzentrierten Nachdenkens wird nur vom Klicken des Geräts unterbrochen, das von der zusammengesunkenen Gestalt im Rollstuhl bedient wird. Hawking ist von Monitoren umgeben, aus einem Spiegel blickt sein aufmerksames Gesicht den Betrachter an, und von großen Postern an den Wänden sieht Marilyn Monroe herab.

Der Verstand des Mannes, der hier arbeitet, hat sich von der Erde abgewandt; seine Heimat sind die Tiefen des Weltalls. Ihm verdanken wir die spannendsten Ideen aller Zeiten, denn Hawking hat unsere Vorstellung vom

Universum nachhaltig verändert. Mit seinen Mitarbeitern hat er ein Bild der Sternenwelt geschaffen, das es an Phantasie und Schönheit mit jedem großen Kunstwerk aufnehmen kann. Obendrein ist es so unglaublich wie ein Traum und dermaßen kompliziert, daß es für den durchschnittlichen Verstand nicht zu begreifen ist. Hawking hat sensationelle Ideen zu den Schwarzen Löchern entwickelt, zur »Theorie aller Dinge« und zum Ursprung des Alls.

Doch seine Behauptungen sind durchaus nicht unumstritten. Die Kosmologie befaßt sich zwar mit dem Studium des Universums – aber ist sie wirklich eine Wissenschaft? Trotz der verteufelt schwierigen Mathematik bleibt so manches unbeweisbar. Ist die Kosmologie überhaupt aussagekräftig oder nützlich? Oder ist sie eine Art Märchen, für unser Leben nicht bedeutsamer als die Possen der griechischen Götter? Wie ist Hawkings Leistung einzuschätzen? Hat sie uns weitergebracht oder ist sie »eines Toren Fabel nur, voll Schall und Wahn, jedweden Sinnes bar«? Lesen Sie weiter und urteilen Sie selbst.

Leben und Werk: Eine kurze
Geschichte von Hawking

Köpfe

14

Stephen Hawking erblickte das Licht der Welt in den dunkelsten Tagen des Zweiten Weltkriegs. Seine Eltern besaßen ein Haus in Highgate, einem Vorort im Norden Londons. Die Nächte wurden von heulenden Luftschutzsirenen, den Himmel abtastenden Suchscheinwerfern und den Explosionen deutscher Bomben zerrissen.

Frank und Isobel Hawking beschlossen kurz vor der Geburt ihres ersten Kindes, aus Sicherheitsgründen für eine Weile nach Oxford überzusiedeln. Die Deutschen hatten zugesagt, Oxford und Cambridge nicht zu bombardieren, und als Gegenleistung hatten sich die Alliierten verpflichtet, die alten Universitätsstädte Heidelberg und Göttingen zu verschonen. Wie Isobel Hawking kommentierte: »Schade, daß man diese zivilisierte Abmachung nicht auf weitere Gebiete ausdehnte.« Am 8. Januar 1942 brachte sie in Oxford einen Sohn zur Welt. Exakt dreihundert Jahre zuvor, am 8. Januar 1642, war Galilei gestorben und, wenige Tage vorher, Isaac Newton geboren worden. Die astrologischen Zeichen für Astronomen standen also äußerst günstig, auch wenn die beiden Gebiete eigentlich nichts miteinander zu tun haben.

Sowohl Frank als auch Isobel Hawking hatten in Oxford studiert. Frank war in die medizinische Forschung gegangen und hielt sich häufig im Ausland auf. Isobels Karriere verlief schlicht im Sande, weil sie keine ihrer Qualifikation entsprechende Anstellung fand. Anfangs langweilte sie sich als Steuerinspektorin, zu guter Letzt saß sie unbefriedigt auf verschiedenen Sekretärinnenposten. Sie war ganz einfach ihrer Zeit voraus. Denn schon wenige Jahre später übernahm Maggie Thatcher die Oxford University Conservative Association, und im Krieg wurden auch Frauen in die Ministerien berufen und nahmen dort hohe Positionen ein. Andere entkamen dem häuslichen Sklavendasein, indem sie Landmädchen auf Bauernhöfen wurden, oder machten in den Fabriken, wo sie Männerarbeit leisteten, Bekanntschaft mit der neuen Unabhängigkeit.

Als Isobel Frank Hawking kennenlernte, arbeitete sie als Sekretärin. Der Tropenarzt Hawking kam gerade von einem Forschungsaufenthalt in Afrika zurück. Es dauerte nicht lange mit der Heirat, und Isobel bekam vier Kinder. Auch als Ehefrau blieb sie ein sehr eigenständiger Mensch, und ihre Einstellung zum Leben übte einen nachhaltigen Einfluß auf ihre Kinder aus.

Isobel, deren Leben unerfüllt blieb, fand ein Ventil im Idealismus: Ursprünglich überzeugte Kommunistin, wurde sie mit der Zeit engagierte Sozialistin. Später, als Versuche, die Menschheit von der atomaren Selbstzerstörung abzuhalten, noch als extrem gesellschaftsfeindlich galten, nahm sie am ersten Aldermaston-Marsch der Bewegung für nukleare Abrüstung teil.

1950 zog die Familie von Highgate nach St. Albans, ein dreißig Kilometer weiter nördlich gelegenes hübsches Städtchen (finsterste Provinz) mit einer berühmten Kathedrale. Hier wurde Frank Leiter der Abteilung für Parasitologie am National Institute for Medical Research.

Der Lebensstil der Hawkings war nach wie vor intellektuell geprägt, und sie galten sofort als gefährliche Exzentriker. Das Haus der Familie quoll über vor Büchern, die Möbel waren bequem und keine Statussymbole, die Vorhänge wurden nicht gewaschen, und man zog sie abends nicht immer zu. Wer wollte, konnte sich mit eigenen Ohren davon überzeugen, daß die Familie das Dritte Programm der BBC hörte (»anspruchsvolles« Drama und klassische Musik – Sendungen für solche, die bei den Spießern im Exil lebten). In seiner Freizeit schrieb Frank sogar Romane. Sie wurden nie veröffentlicht, und seine Frau bezeichnete sie spöttisch als kompletten Schwachsinn. So waren die Vorbilder des jungen Stephen wohl eher Bertrand Russell und Gandhi als Dick und Doof.

Im Sommer zwängte sich die ganze Familie in ihr Auto, ein ausgedientes Londoner Taxi, und fuhr an die Südküste. Man verbrachte die Ferien im Wohnwagen auf einer Wiese in Osmington, Dorset, in der Nähe von Ringstead Bay. Natürlich nannten die Hawkings keinen gewöhnlichen Wohnwagen ihr eigen, sondern einen alten, buntbemalten Zigeunerwagen. Besonders wohlhabend waren sie nicht, aber sie waren auch nicht arm und weder glücklicher noch unglücklicher als andere Familien der Mittelschicht in jenen trostlosen Tagen gesellschaftlicher Unterdrückung.

Aus der Durchschnittsfamilie ging ein durchschnittlicher Schuljunge hervor. Im Alter von zehn Jahren wurde Stephen beim besten Gymnasium des Ortes angemeldet. Das war die St. Albans School, die sich durch nichts auszeichnete und 50 Guineen im Trimester kostete. Eine Guinee entsprach einem Pfund plus einem Schilling. Schulgebühren auf diese Art anzugeben, das verrät einiges über den Dünkel der Anstalt. Stephen war schwächlich, linkisch und bewegte sich unbeholfen. Ein Schülertyp, der zu den krakeelenden, kurzatmigen und weinerlichen Kleingeistern und Sonderlingen paßte, die sich auf den Pausenhöfen solcher Schulen tummeln.

Stephen hatte inzwischen das Alter erreicht, in dem man sich für Chemie interessiert, und besaß zu Hause sogar ein eigenes Labor. Es verwandelte sich rasch in das übliche Chaos von verkrusteten Reagenzgläsern, disparaten Überbleibseln längst vergessener Experimente und einfachen Leitfäden zur Herstellung von Schießpulver, Zyanid und Senfgas.

Allmählich zeigte sich, daß Stephen recht helle war. Doch obwohl sich seine pseudonoble Bildungsanstalt eines hohen akademischen Niveaus brüstete, wurde Hawking nicht gefordert und tat nicht besonders viel für die Schule. Zu den Besten gehörte er nie, auch wenn er gut mitkam. Er besaß einen scharfen Verstand, sprach aber so schnell, daß man ihn nur schwer verstehen konnte. Gemeinsam mit seinen wenigen Freunden dachte er sich zu Hause in seinem Zimmer komplizierte Brettspiele aus. Diese dauerten selten weniger als fünf Stunden, und während der Ferien saßen die Jungen manchmal bis zu einer Woche über einem Spiel. Bald war Stephen überwiegend sein eigener Gegner, was vielleicht nicht überrascht. Er beeindruckte Freunde und Familie, da er häufig stundenlang von einem abstrusen Problem gefesselt war und nicht lockerließ, bis er es gelöst hatte. Seine Mutter meint: »Soweit ich das erkennen konnte, ersetzte ihm das Spiel fast das Leben.«

Stephen schien mit Vergnügen in einer theoretischen, geordneten Welt aufzugehen und deren Struktur gedanklich bis auf die Spitze zu treiben. Er war mit Sicherheit kein gewöhnlicher Junge, auch wenn er wohl keinen unglücklichen Eindruck machte. Die Neigung, sich mit abstrakten Problemen zu befassen, schien bei ihm erheblich stärker als bei anderen Jugendlichen entwickelt zu sein.

Sein Freund Michael, der Klassenprimus, nannte ihn freundlich herablassend einen »kleinen Schlaumeier« – bis er eines Tages mit Stephen in dessen Labor über den Sinn des Lebens sprach. Michael hielt sich für ziemlich beschlagen in philosophischen Fragen, doch im Verlauf der Unterhaltung merkte er, daß Stephen ihn auf den Arm nahm und dazu brachte, einen Narren aus sich zu machen. Michael hatte das höchst unbehagliche Gefühl, von einem amüsierten, unbeteiligten Beobachter von oben herab betrachtet zu werden. »Da wurde mir zum erstenmal klar, daß er irgendwie anders war, nicht einfach intelligent, nicht einfach klug, nicht einfach originell, sondern außergewöhnlich. Da war eine ›grundsätzliche Überlegenheit‹ oder, wenn Sie so wollen, ein klares Gefühl für das, was es mit der Welt auf sich hat.« Der aufgeweckte kleine Schlaumeier hatte offenbar eine Menge Zeit damit verbracht, über Gott und die Welt nachzudenken.

Ursprünglich hatte sich die Philosophie die Aufgabe gesetzt, den Kosmos zu erfassen. Das altgriechische Wort für Weltall ist *kosmos*; es bedeutet gleichzeitig Ordnung. Das Wort Kosmetik stammt aus derselben Wurzel. Die alten Griechen empfanden die Ordnung der Welt als schön. Heutzutage befaßt sich die Kosmologie nicht mehr mit philosophischen Fragen, sondern beschränkt sich darauf, die Struktur des Universums zu untersuchen. Doch auch bei uns ruft die Entdeckung der Ordnung, die im riesigen Himmelsraum herrscht, noch immer philosophisches Staunen und Begeisterung über deren Schönheit hervor. Dies kann vor allem im Gemüt eines nachdenklichen jungen Mannes geschehen, der über ein hohes Abstraktionsvermögen und über die Fähigkeit zu extremer Konzentration verfügt, wenn er entschlossen ist, den Dingen auf den Grund zu gehen.

Hawkings schlummernde Begabung mußte jedoch erst unsanft geweckt werden. Das geschah 1958, in seinem 16. Lebensjahr, als er kurz vor dem Abitur stand. Seinem Vater wurde damals ein Forschungsauftrag in Indien übertragen. Die Familie beschloß, sich in das Abenteuer einer Überlandreise mit dem Auto zu stürzen – in jenen Tagen ein wahrhaft mutiges Unterfangen. Zum großen Bedauern der Familie konnte man aber nicht geschlossen reisen. Stephen mußte wegen des Abiturs zu Hause bleiben und blieb in der Obhut der netten Nachbarn Humphrey.

Mrs. Hawkings Einstellung klingt sehr englisch: »... es hat ihm bei den Humphreys sehr gefallen, und wir hatten ein wundervolles Jahr in Indien.« Und so scheint es tatsächlich gewesen zu sein. Nur daß Stephens Ungeschicklichkeit auf verräterische Weise zugenommen hatte. Bei einer filmreifen Gelegenheit ging beispielsweise ein ganzer Teewagen des besten Porzellans der Humphreys zu Bruch. Mrs. Humphrey erinnert sich, wie alle lachten, und Stephen, nach einer Schrecksekunde, am lautesten.

Die Tatsache, daß Stephen von seiner Familie alleingelassen wurde, führte zum endgültigen Erwachen seiner Intelligenz; die sonstigen Auswirkungen mögen dahingestellt sein. Der Vater hatte gewollt, daß sein Sohn Biologie als Leistungsfach belegte, um in seine Fußstapfen als Mediziner zu treten. Stephen war jedoch mehr an Mathematik interessiert, darin war er am besten. Sein Vater sah in der Mathematik jedoch nur eine Sackgasse, die in den Lehrerberuf mündete. Schließlich einigten sie sich auf einen Kompromiß: Stephen wählte fürs Abitur die Leistungskurse Mathematik, Physik und Chemie. Er strengte sich in der Schule an und nahm auch probeweise an einer Aufnahmeprüfung für die Universität Oxford teil. Ernsthaft um einen Platz bemühen wollte er sich jedoch erst im folgenden Jahr. Zur allgemeinen Überraschung schnitt Stephen jedoch so gut ab, daß er umgehend ein Stipendium erhielt.

Somit trat Hawking im Alter von siebzehn Jahren ins University College von Oxford ein, um Naturwissenschaften mit dem Schwerpunkt Physik zu studieren. Das Fehlen der Mathematik bedeutete keinen weiteren Kompromiß mit seinem Vater. Im Gegenteil spielte die Mathematik für Hawking inzwischen lediglich die Rolle eines Werkzeugs für das Verständnis des Weltalls. Sein Hauptinteresse galt nun der Kosmologie.

Von den Studienanfängern in Oxford waren viele etwa anderthalb Jahre, die übrigen sogar bis zu drei Jahre älter als Stephen, weil sie zwei Jahre Militärdienst hatten ableisten müssen. Der schwächliche Stephen, der obendrein noch eine Brille trug, fühlte sich jung, linkisch und ausgeschlossen. Das erste Jahr verbrachte er fast nur auf seinem Zimmer. Doch er arbeitete nicht etwa, sondern langweilte sich zu Tode und zerbrach sich den Kopf darüber, wie er die Anerkennung der anderen gewinnen konnte. Selbst die Pubs durfte er nicht betreten, weil er noch nicht alt genug war. Er gewöhnte sich an, abends auf seiner Bude in aller Stille mehrere Bier zu leeren und dabei Science-fiction zu verschlingen. So lernte er das Universum aus den verschiedensten abgefahrenen und nebulösen Blickwinkeln kennen, doch eine intellektuelle Anregung war seine Lektüre nicht gerade. Es war ein Glücksfall, wenn er eine Stunde täglich arbeitete.

Hawking konzentrierte sein Interesse auf die große Welt um sich herum. Er studierte sie gründlich, auch nachts. Weder ihre einzigartigen Eigenschaften noch ihr faszinierendes Verhalten und ihre aufregenden Möglichkeiten konnten ihm entgehen. Zu Beginn seines zweiten Studienjahres war Hawking soweit, sich in diese Welt zu stürzen. Für die fünfziger Jahre trug er sein Haar gefährlich lang, hatte einen geschliffenen Witz entwickelt und sein Erscheinungsbild aufpoliert. Das häßliche junge Entlein zog als Schwan von Party zu Party und bewegte sich in der Gesellschaft mit der Leichtigkeit des geübten Komödianten. Er freundete sich sogar mit den jovialen Schwergewichtlern des Ruderclubs an und wurde Steuermann seines College-Achters.

Hawking führte seinen Vorsatz wie immer mit äußerster Entschlossenheit durch. Wieder einmal zeigte er jene »grundsätzliche Überlegenheit«, die seinen Schulfreund Michael so erschüttert hatte und die auf etwas Außergewöhnliches in seinem Charakter zu verweisen schien. Doch erschreckend war nicht so sehr die Überlegenheit als vielmehr sein Selbstvertrauen, das von einem klaren Willen gespeist wurde.

Das Ziel dieses Willens stand aber noch immer nicht fest. Von seinem Studium fühlte sich Hawking nicht gefordert, und nach wie vor arbeitete er nicht länger als eine Stunde täglich. Dennoch erinnert sich sein Physik-Tutor Dr. Robert Berman: »Er war ohne Zweifel der begabteste Student, den ich jemals hatte.« Und fügt hinzu: »Ich bilde mir nicht ein, ihm irgend etwas beigebracht zu haben.« Derartige vollmundige Beurteilungen tragen den Stempel der Rückschau. Es besteht aber kein Zweifel daran, daß Hawking als außergewöhnlich galt, und sei es nur deswegen, weil er offenbar den Energieerhaltungssatz in Frage stellte, der da lautet, daß man nicht mehr herausbekommen kann, als man hineinsteckt.

Hawking war von sich selbst überzeugt – gesellschaftlich und intellektuell. Er sah keine Veranlassung, sein Licht unter den Scheffel zu stellen: solche Arroganz führe nur zu größerer Ehre. Obwohl er bisher nichts auf die Beine gestellt hatte, beschloß er, nach seinem Examen in die kosmologische Forschung zu gehen, und bewarb sich in Cambridge bei Fred Hoyle, dem größten Kosmologen seiner Zeit. Er erhielt den Platz mit der Auflage, ein Einser-Examen abzulegen. Kein Problem.

Erst im letzten Augenblick ließ ihn sein Selbstvertrauen im Stich. In der Nacht vor seinem Examen tat er kein Auge zu und setzte prompt ein paar Aufgaben in den Sand. Seine Noten lagen auf der Grenze zwischen Eins und Zwei. Wie in solchen Fällen üblich, mußte er zu einer mündlichen Prüfung antreten, in der sich sein Schicksal entscheiden sollte. Inzwischen war sein typisches Selbstvertrauen zurückgekehrt. Vom Prüfungsleiter über seine Zukunftspläne befragt, antwortete er: »Wenn Sie mir eine Eins geben, gehe ich nach Cambridge. Wenn ich eine Zwei bekomme, bleibe ich in Oxford. Deshalb gehe ich davon aus, daß Sie mir eine Eins geben.« Laut Hawkings Tutor Dr. Berman waren sie intelligent genug, um zu merken, daß sie mit jemandem sprachen, der bei weitem gescheiter als die meisten von ihnen war. Hawking erhielt seine Eins, und im Herbst 1962 zog er mit zwanzig Jahren in Trinity Hall, Cambridge, ein.

Schon seine Ankunft in Oxford war schlimm gewesen, doch das war nichts im Vergleich zu Cambridge. Als erstes erfuhr er, daß sein Doktorvater nicht Hoyle, sondern ein gewisser Dennis Sciama sei. Hawkings Stolz war verletzt; diese Kränkung würde er nicht vergessen. Hinzu kam, daß Hawking unter den Graduierten von Cambridge nicht länger ein Überflieger war. Cambridge hatte echte Stars und war an spektakuläre wissenschaftliche Ereignisse gewöhnt. So hatten Crick und Watson im Cavendish Laboratory die Struktur der DNA entdeckt und wurden wenige Wochen nach Hawkings Ankunft mit dem Nobelpreis ausgezeichnet. Gleichzeitig erhielten Kendrew und Perutz, auch vom Cavendish Laboratory, den Nobelpreis für Chemie. Selbst in der kleinen Welt des Fachbereichs für angewandte Mathematik und theoretische Physik (Department of Applied Mathematics and Theoretical Physics, DAMTP) geriet Hawking bald ins Schwimmen. In einer Stunde pro Tag kann man keine umfassenden Studien treiben, und es zeigte sich bald, daß ihm in der Mathematik die Grundkenntnisse fehlten.

Doch das war nur die Spitze des Eisbergs. Während seines letzten Jahres in Oxford war Hawking die Treppe hinuntergestürzt und hatte sich den Kopf gestoßen. Die Folge war ein kurzzeitiger Gedächtnisverlust gewesen. Seine Freunde waren damals davon ausgegangen, daß er betrunken war, als es passierte. Doch es blieb nicht bei einem Sturz. Außerdem fiel es ihm manchmal schwer, sich die Schnürsenkel zu binden. Auf Treppen lernte Hawking vorsichtig zu sein, doch die Schwierigkeiten mit seinen Schuhbändern blieben bestehen.

Als er nach dem ersten Trimester in Cambridge nach Hause kam, schickte ihn sein Vater zu einer Kontrolluntersuchung ins Krankenhaus. Die Diagnose war schlimmer als alle Befürchtungen. Hawking litt an amyotropher Lateralsklerose (ALS), einer unheilbaren Krankheit.

ALS greift die Nerven des Rückenmarks und einiger Teile des Gehirns an, die für die Motorik verantwortlich sind. Die Körpermuskulatur bildet sich zurück, was zur Bewegungs- und schließlich zur Sprechunfähigkeit führt. Der Körper verfällt allmählich, nur das Gehirn bleibt klar und funktionstüchtig. Kommunikation wird unmöglich. In der Regel tritt innerhalb weniger Jahre der Tod ein. In den letzten Stadien der Krankheit gibt man den Patienten häufig Morphium, um ihrer chronischen Depression und Angst entgegenzuwirken.

Hawkings Reaktion war typisch für seine Erziehung und seine Persönlichkeit: »Die Erkenntnis, daß ich an einer unheilbaren Krankheit litt, an der ich wahrscheinlich in wenigen Jahren sterben würde, war ein ganz schöner Schock. Wie konnte mir so etwas passieren?«

Seine Mutter blieb weniger zurückhaltend. Sie verlangte, den führenden Spezialisten an der London Clinic zu sprechen. Doch dieser sagte ihr nur würdevoll:

»Ich kann eigentlich gar nichts tun. So sieht die Sache leider aus, mehr oder weniger.«

Hawking gab sich zwar tapfer, war aber zutiefst getroffen. Kurz bevor er zur Untersuchung ins Krankenhaus ging, hatte er auf einer Silvesterparty ein Mädchen kennengelernt. Sie war von dem gammeligen, überheblichen Intellektuellen ziemlich beeindruckt gewesen. Als sie ihn nach seiner Entlassung aus dem Krankenhaus wiedersah, machte er einen tief verstörten Eindruck; sein Lebenswille schien gebrochen. Hawking kehrte nach Cambridge zurück und versank in tiefe Depression. Mehrere Monate lang verließ er kaum sein Zimmer. Alles, was herauskam, waren das Gedröhn von Wagnerplatten und leere Wodkaflaschen.

Doch allmählich lichteten sich die Wolken des tragischen Selbstmitleids. Das Mädchen, das er auf der Silvesterparty kennengelernt hatte, besuchte ihn in Cambridge. Sie war erst achtzehn, hieß Jane Wilde und bereitete sich am Gymnasium von St. Albans aufs Abitur vor. Anschließend wollte sie an der London University studieren.

Jane war schüchtern. Als Hawking ihr sagte, er studiere Kosmologie, mußte sie hinterher erst einmal im Lexikon nachschauen, was das war. (Genies erklärten solche Dinge nicht.) Jane glaubte an Gott und war von Natur aus optimistisch. Alles hatte einen tieferen Sinn; wie schlimm auch immer die Dinge aussahen, es konnte sich dennoch etwas Gutes daraus entwickeln. Hawking hatte den Glauben an Gott schon lange ad acta gelegt.

Doch etwas an Janes Einstellung berührte ihn. Er hatte seit eh und je einen starken Willen gehabt, das war sein Geheimnis gewesen. Warum sollte er sich ausgerechnet jetzt ändern?

Er entsinnt sich: »Vor der Diagnose meiner Krankheit hatte mich das Leben sehr gelangweilt, nichts schien der Mühe wert zu sein.« Doch das war nun anders. »Ich träumte, daß ich hingerichtet werden sollte. Plötzlich begriff ich, daß es eine Reihe wertvoller Dinge gab, die ich tun könnte, wenn mir ein Aufschub gewährt würde.« Er war auf dem Wege der Besserung – zumindest, was seine Seele anlangte. Mit seinem Körper standen die Dinge nicht so gut.

ALS schreitet nicht gleichmäßig voran. Auf jede Verschlimmerung folgt in der Regel eine Stabilisierung, die manchmal überraschend lange anhält. Die Ärzte hatten Hawking gesagt, er sei in einer solchen Phase. Doch das war ein Irrtum. Die Krankheit verschlimmerte sich weiter, und bereits nach wenigen Monaten mußte Hawking einen Stock zu Hilfe nehmen, um sich überhaupt fortbewegen zu können. Angeblich hatte er nur noch zwei Jahre zu leben. Es schien ihm nicht sehr sinnvoll, sich an seine Doktorarbeit zu setzen, wenn er keine Aussicht hatte, sie zu vollenden.

Hawking sah Jane weiterhin, verbot sich jedoch jedes über reine Freundschaft hinausgehende Gefühl. Mitleid fand er gräßlich, und er wollte möglichst lange möglichst unabhängig bleiben. Er fühlte sich als normaler Mensch und wollte wie ein solcher behandelt werden.

Er fand Jane sehr nett, und sie bewunderte insgeheim seinen Mut. Es war eher diese gegenseitige Anerkennung und keine Sentimentalität, die ihnen die Augen dafür öffnete, daß das Unmögliche vielleicht doch möglich sei. Wie Jane einmal sagte, begriffen beide, daß sie zusammen ihrem Leben einen Sinn geben konnten.

Schließlich verlobten sie sich. Für Hawking änderte das alles. Nun hatte er ein Ziel im Leben. Doch um zu heiraten, brauchte er eine Stelle. Und dafür mußte er erst einmal promovieren.

Hawkings Selbstvertrauen kehrte zurück, und er begann nun intensiv, über ein passendes Thema für seine Doktorarbeit nachzudenken. Er sah es als ein großes Glück an, daß er kein Experimentalphysiker war, sondern für seine Forschung nichts weiter als ein Teleskop brauchte. Nur auf sein Gehirn konnte er absolut nicht verzichten, und das war eines der wenigen Organe seines Körpers, dem die Krankheit nichts anhaben würde.

1965, im Alter von dreiundzwanzig Jahren, begann Hawking mit seiner Doktorarbeit, und im Juli heiratete er Jane. Im Herbst fuhr Jane nach London, wo sie noch ein Jahr studieren mußte. Die Wochenenden verbrachte sie in Cambridge. Das junge Paar zog in ein kleines Reihenhaus, etwa hundert Meter vom DAMTP, dem Fachbereich für angewandte Mathematik und theoretische Physik, entfernt. Einen Teil des Geldes, das man ihnen zur Hochzeit geschenkt hatte, verwendete Hawking für den Kauf eines dreirädrigen Autos, damit er zum Observatorium außerhalb der Stadt fahren konnte.

Hawking hatte nun also ein Ziel für seine beträchtliche Willenskraft, sein Verstand war ganz und gar auf ein Thema konzentriert, Ablenkungen gab es so gut wie keine mehr. Das war auch gut so, denn die Probleme, mit denen er sich befassen wollte, gehörten zu den kompliziertesten und schwierigsten in der gesamten Kosmologie.

Jahrelang hatte die Kosmologie als eine Art Pseudowissenschaft gegolten und folglich eine nicht unbeträchtliche Zahl von Pseudowissenschaftlern angezogen. Diesen war es mit ihren tollen Theorien, die sie mit astronomisch großen Zahlen untermauerten, gelungen, die Öffentlichkeit zu interessieren (und zu verblüffen). Derlei Ideen waren die Dinosaurier der modernen Wissenschaft: riesig, simplistisch und reif für die Abschußliste. Bohrende Fragen wurden selten laut. Die echten Forscher zogen die handfeste Wissenschaft vor, deren Theorien mit Hilfe von Experimenten bewiesen oder widerlegt werden konnten. Die irregeführte Öffentlichkeit sollte nur ehrfürchtig aufseufzen, wenn sie die neuesten Nachrichten vom Universum erfuhr. Einwände waren nicht gefragt.

Zu Beginn der sechziger Jahre machte sich eine Veränderung bemerkbar. Die großen Entdeckungen des frühen zwanzigsten Jahrhunderts, die Relativitätstheorie und die Quantentheorie, hatten die Sicht der subatomaren Welt sowie des Universums verwandelt. Relativität hieß, daß der Weltraum gekrümmt und begrenzt war. Doch erst jetzt wurden beide Theorien rigoros auf das Universum angewendet, sowohl auf subatomarer wie auf galaktischer Ebene. Welche Folgen hatten sie für unser Verständnis des riesigen, anhaltenden Experiments namens Universum? Die Antworten waren und werden auch weiterhin erstaunlicher sein als die wildesten Phantasien der Scienc-fiction-Autoren. Wer hätte sich Schwarze Löcher ausdenken können, unsichtbare Spalten im Universum, in denen Raum und Zeit ganz einfach verschwinden?

Hawking hatte festgestellt, daß die Relativität, auf quantenmechanische Vorgänge angewandt, gegen die physikalischen Gesetze verstieß und daß man mit ihr die Schwarzen Löcher nicht erklären konnte. Seine Forschungen zur Frage, was aus dieser Erkenntnis folgte, führten zu einem sensationellen Ergebnis.

Bereits 1783 hatte der englische Dorfpfarrer John Michell vorausgesagt, daß es so etwas wie Schwarze Löcher geben müsse – natürlich hießen sie damals nicht so. Michell war einer der besten astronomischen Köpfe seiner Zeit. Neben den Schwarzen Löchern prophezeite er auch die Doppelsternsysteme und machte etliche bemerkenswert präzise Voraussagen zu stellaren Entfernungen.

Michell sagte, daß, wenn ein Stern ausreichend groß und dicht sei, von seiner Oberfläche kein Licht entweichen könne. Aufgrund seiner Himmelsbeobachtungen entwickelte er die Theorie, daß das Universum eine beträchtliche Anzahl solcher Sterne enthalte und daß ihre Existenz durch die Auswirkungen ihrer Schwerkraft auf nahe gelegene sichtbare Sterne oder Planeten feststellbar sei.

Dieser Gedanke wurde zu Beginn des zwanzigsten Jahrhunderts von dem deutschen Astronomen Karl Schwarzschild aufgegriffen. 1916, während des Ersten Weltkriegs an der russischen Front, machte er sich daran, die Konsequenzen von Einsteins kurz zuvor veröffentlichter Relativitätstheorie zu durchdenken. Laut Einstein wurden die Lichtstrahlen durch die Schwerkraft gekrümmt. Das Leben an der russischen Front war kaum weniger gefährlich und unangenehm als das Leben in den Schützengräben der Westfront, doch irgend etwas muß in der Luft gelegen haben, das intellektuell stimulierend wirkte. Zu exakt derselben Zeit entwickelte nämlich nicht weit von Schwarzschild entfernt der Österreicher Ludwig Wittgenstein jene Gedanken, mit denen er die Philosophie des zwanzigsten Jahrhunderts entscheidend beeinflussen sollte.

Schwarzschild wies nach, daß sich beim Gravitationskollaps eines Sterns folgendes ereignet: Nach Einsteins Theorie von der Wirkung der Gravitation auf Licht kann nichts, noch nicht einmal Licht, aus dem Gravitationsfeld eines Sterns entkommen, wenn dieses eine bestimmte Stärke erreicht hat – das heißt, wenn der Stern auf einen bestimmten, von seiner Masse abhängigen Radius zusammengeschrumpft ist. Bei diesem Radius wird aus dem kollabierenden Stern ein Schwarzes Loch.

Die Sonne, deren gegenwärtiger Radius 700 000 km beträgt, würde bei einem Radius von 3 km zu einem Schwarzen Loch werden. Schwarzschild hatte mit Hilfe der Relativitätstheorie bewiesen, was Michell nur vermutete.

Merkwürdigerweise weigerte sich Einstein, Schwarzschilds Entdeckung zu akzeptieren, obwohl sie auf seiner Theorie aufbaute. Der kritische Radius, bei dem ein Stern zu einem Schwarzen Loch wird, ist heute als Schwarzschild-Radius bekannt.

Ein Jahr später widersprach ein anderer Wissenschaftler Einsteins kosmologischen Ideen, nämlich der russische Astronom Aleksandr Friedmann, der in St. Petersburg arbeitete. Während sich draußen die russische Revolution abspielte, kam Friedmann in seinem Labor zu dem Ergebnis, daß Einsteins Bild vom Universum nicht zutraf. Einstein war bei seinen Gleichungen von einer »kosmologischen Konstanten« ausgegangen, die er *lambda* nannte. Friedmann stellte sich jedoch die Frage, ob man überhaupt von einem statischen Universum ausgehen konnte, und wies nach, daß Einsteins Annahme keine Grundlage hatte.

Friedmann ging von der kühnen Hypothese aus, das Universum sei mit einer gleichmäßig dünnen Materiewolke gefüllt. Moderne Entdeckungen haben bestätigt, daß diese riskante Annahme, trotz der offensichtlichen Diskrepanzen, für viele makrokosmische Berechnungen zutrifft. Dieses Modell sowie eine für seine Bedürfnisse modifizierte Version von Einsteins Gleichungen zugrundelegend, kam Friedmann zum Schluß, daß sich das Universum in Wirklichkeit ausdehnt. Wieder einmal war Einstein anderer Meinung.

Friedmanns Hypothese wurde 1928 durch die Beobachtungen des amerikanischen Astronomen Edwin Hubble bestätigt (nach dem das berühmte Teleskop benannt ist). Ohne die Theorien von Einstein und Friedmann zu kennen, untersuchte Hubble mit Hilfe des 2,5-m-Teleskops auf Mount Wilson die Rotverschiebung der Spektrallinien von mehr als einem Dutzend Galaxien. Der von Hubble entdeckte Effekt zeigt, daß die Rotverschiebung der Spektrallinien auf eine Geschwindigkeit hinweist, die sich relativ zum Beobachter verhält. Hubble entdeckte, daß, je weiter die Galaxien weg sind, desto schneller fliegen sie. Damit wurde der erste praktische Nachweis für ein sich ausdehnendes Universum geliefert.

Der nächste große theoretische Fortschritt gelang fünf Jahre später, und zwar wieder in Rußland. Inzwischen waren Stalins »Säuberungen« in vollem Gang. Für einen passionierten Wissenschaftler mochte es möglich gewesen sein, die russische Revolution vor seinem Fenster zu ignorieren, aber Stalins Terror war eine andere Sache. Männer in dicken Ledermänteln klopften an die Tür und forderten Einlaß, auch wenn man gerade mitten in einer kosmologischen Berechnung steckte. Nach den Generälen und Spitzenfunktionären waren nun die führenden Wissenschaftler an der Reihe, die Hauptrollen in den Schauprozessen zu übernehmen.

Der theoretische Physiker Lew Landau wußte, daß er in der Patsche saß: Zum einen war er gerade aus dem Ausland zurückgekehrt, zum anderen war er Jude. Landau sah seine einzige Hoffnung darin, in der Presse solches Aufsehen zu erregen, daß sein Erscheinen im Zeugenstand (und sein anschließendes Verschwinden) für das Sowjet-Utopia zu einer Peinlichkeit werden würde. In Windeseile verfaßte er einen Artikel mit einigen sensationellen Gedanken zum Universum, die ihm seit geraumer Zeit im Kopf herumspukten. Er schickte seine Ausarbeitungen postwendend an einen Freund, den großen Physiker Niels Bohr in Kopenhagen. In einem Begleitbrief bat er Bohr darum, seinen Einfluß geltend zu machen und den Artikel, sofern er in seinen Augen etwas tauge, in der renommierten Fachzeitschrift *Nature* zu veröffentlichen.

Kurze Zeit später erhielt Bohr ein Telegramm vom offiziellen Parteiorgan *Iswestija*, in dem man sich nach seiner Meinung über Landaus Artikel erkundigte. Bohr hatte noch keine Zeit gehabt, sich damit zu befassen, begriff aber gleich, was los war. Er schickte eine enthusiastische Besprechung nach Moskau und setzte sich dafür ein, daß Landaus Artikel in *Nature* veröffentlicht wurde. 1938 wurde Landau dennoch verhaftet, dann aber später mit der Begründung entlassen, es sei ein »Irrtum« gewesen.

Landau hatte seit Jahren darüber nachgedacht, wie Sterne sich die Energie verschaffen, die ihre große Hitze erklärt. In seinem Artikel in *Nature* stellte er die Theorie auf, im Mittelpunkt eines jeden Sterns gebe es einen superdichten Stern, der überwiegend aus Neutronen, elektrisch geladenen subatomaren Teilchen, bestehe. Die Sonne enthalte beispielsweise einen Neutronenstern von etwa einem Zehntel ihrer Masse, jedoch auf einen Radius von knapp einem Kilometer zusammengepreßt. Die unermeßliche Hitze bei einem Stern entstehe dadurch, daß der Neutronenstern Gas absorbiere.

Landau hatte seinen Artikel in Eile verfaßt und noch bevor er seine Hypothese richtig durchdacht hatte. Seine Veröffentlichung fiel in die Hände der hervorragenden amerikanischen Quantenphysiker Robert Oppenheimer und Hartland Snyder – Oppenheimers brillanter Assistent, der einst in Utah Lastwagenfahrer gewesen war.

Oppenheimer und Snyder entdeckten Fehler in Landaus Artikel, bauten jedoch auf seinem Gedanken auf und kamen zu dem Ergebnis, daß ein massereicher Stern, dessen atomarer Brennstoff erschöpft ist, implodiert. Er zieht sich bis auf einen kritischen Radius zusammen, so daß nichts mehr aus ihm entweichen kann, noch nicht einmal Lichtstrahlen. Der Stern isoliert sich vom restlichen Universum und wird zum »Einweg-Ereignishorizont«. Teilchen und Strahlung können zwar noch hinein, aber heraus kommt nichts mehr. Eine Raumzeit-Singularität entsteht, der Raum und die damit verknüpfte Dimension der Zeit verschwinden einfach. Oppenheimer lehnte jede Spekulation darüber, was hinter dem Ereignishorizont geschieht, mit der Begründung ab, das könne man unmöglich vorhersagen.

Oppenheimer und Snyder veröffentlichten ihre Hypothese am 1. September 1939 in der *Physical Review*. An jenem Tag marschierte Hitler in Polen ein und löste den Zweiten Weltkrieg aus. In derselben Ausgabe der *Physical Review* veröffentlichten Niels Bohr und der amerikanische Physiker John Wheeler einen Artikel über die Kernspaltung (die zur Herstellung der Atombombe erforderlich ist). Der Zufall wollte es, daß Oppenheimer der Leiter des Manhattan Project wurde, dessen Aufgabe der Bau der ersten Atombombe war. Just an dem Tag, an welchem der Zweite Weltkrieg begann, wurde bereits die Methode, mit der er beendet werden sollte, veröffentlicht – gleichzeitig mit dem Artikel des Mannes, der das möglich machen würde. Doch zum Zeitpunkt seines Erscheinens wurde Oppenheimers Artikel weitgehend ignoriert. Die Welt hatte ganz andere Sorgen als das Universum.

Wheeler machte sich als nächstes an die Erfindung der Wasserstoffbombe, und als er seinen Beitrag zur Vernichtung der Erde geleistet hatte, wandte er sich dem Universum zu. Wheeler war Rechtsextremist, somit nahm er in den fünfziger Jahren unter McCarthy und dessen Kommunisten-Jagd die orthodoxe amerikanische Haltung ein. Oppenheimer hatte hingegen einmal mit einer Kommunistin geschlafen, was ihn natürlich zum kommunistischen Spion machte, selbst wenn er durch den Bau der Atombombe geholfen hatte, den Krieg zu gewinnen. Auch mit Oppenheimers Überlegungen zum Weltall konnte sich Wheeler nicht anfreunden, mußte aber schließlich einräumen, daß an Oppenheimers Idee von der Singularität im Ereignishorizont etwas dran sein könnte. Wheeler ging sogar noch weiter und taufte das »durch Gravitation völlig kollabierte Objekt« Schwarzes Loch. Doch anscheinend war es für Wheeler undenkbar, in allen Punkten mit Oppenheimer übereinzustimmen. Und so behauptete er, es sei sehr wohl möglich zu sagen, was in einem Schwarzen Loch stattfinde, nämlich eine Verschmelzung von Relativität und Quantenmechanik.

In den frühen sechziger Jahren zweifelten noch viele Wissenschaftler die Existenz Schwarzer Löcher an (die ihren Namen erst 1969 erhielten). Wheelers schlimmste politische Befürchtungen wurden wahrscheinlich bestätigt, als sowjetische Kosmologen verkündeten, sie hätten bewiesen, daß es Raumzeit-Singularitäten (Schwarze Löcher) einfach nicht geben könne. Raumzeit-Singularitäten seien schlichtweg eine falsche Annahme, denn sie würden voraussetzen, daß große kollabierende Sterne symmetrisch implodierten. Ohne diese unwahrscheinliche Symmetrie könne es nicht zur Singularität kommen. Abrakadabra: Also doch keine Schwarzen Löcher.

Wir sehen also, daß sich in den frühen sechziger Jahren, als Hawking die Szene betrat, in der Kosmologie eine Menge tat. Die maßgeblichen Köpfe in Cambridge bevorzugten sogar noch die Steady-state-Theorie von Hoyle, die besagte, daß das Universum weder jemals begonnen habe noch je enden werde, sondern schon immer existiere und daß seine mittlere Dichte immer konstant bleibe. Hoyle hatte in den Fünfzigern die entgegengesetzte Vorstellung abfällig als die Big-Bang-Theorie (Urknall-Theorie) bezeichnet und die Vorstellung von einer spontanen Schöpfung des Universums mit dem »Partygirl« verglichen, »das aus einer Geburtstagstorte hüpft«.

Doch auch Hoyles Steady-state-Theorie kam nicht ohne Zaubertricks aus. Wie konnte Hoyle die von Hubble beobachtete Ausdehnung des Universums ignorieren? Um diesen kleinen Widerspruch zu seiner Theorie zu entkräften, schlug Hoyle vor, daß Sterne und Galaxien ständig neu aus dem Weltraum geboren werden. Die Frage nach dem Wie beantwortete Hoyle mit der Erklärung, das sei einfach eine der Eigenschaften des Weltraums. Und als Ausgleich verschwanden Sterne und Galaxien fortwährend in das weite schwarze Jenseits.

Hoyle war ein nimmermüder und manchmal übereilter Propagandist seiner Steady-state-Theorie. Bei einer besonderen Gelegenheit hielt er einen Vortrag vor der Royal Society in London, hatte aber noch nicht die Berechnungen durchgeführt, mit denen er seine Hypothesen untermauern wollte. Ohne daß Hoyle davon wußte, hatte einer seiner Doktoranden Hawking das Material gezeigt, und dieser hatte einige Unstimmigkeiten entdeckt. Hawking beschloß, sich Hoyles Rede anzuhören. Auf Hoyles Vortrag folgte enthusiastischer Applaus. Hoyle forderte seine Zuhörer zur Diskussion auf. Ein schwächlicher, bebrillter Doktorand erhob sich mühsam mit Hilfe seines Stocks. Es waren etwa hundert, zum Teil bedeutende, Wissenschaftler anwesend. Kritische Blicke richteten sich auf den jungen Spund, der die Kühnheit besaß, den berühmten Mann zu befragen.

»Die Größe, von der Sie sprechen, divergiert«, sagte Hawking.

Ein erregtes Murmeln lief durch die Reihen. Wenn das stimmte, war Hoyles Vortrag Unsinn.

»Natürlich divergiert sie nicht«, entgegnete Hoyle.

»Sie tut es aber doch«, sagte Hawking herausfordernd.

»Und woher wollen Sie das wissen?«

»Weil ich darüber gearbeitet habe«, erwiderte Hawking ruhig.

Vereinzeltes Kichern wurde laut. Hoyle war bleich vor Wut. Wer war dieser eingebildete Schnösel?

Hawking war mit einem Urknall auf der kosmologischen Szene erschienen.

Doch noch immer war nicht gelöst, was in einem Schwarzen Loch abläuft. Diejenigen, die wie die Sowjets davon ausgingen, daß Sterne asymmetrisch kollabieren, hatten eine neue Theorie entwickelt. Danach würde der Stern so ungleichmäßig und mit solcher Kraft implodieren, daß er einfach an sich vorbeifliegen und sich von neuem ausdehnen würde.

Ein junger britischer Mathematiker namens Roger Penrose nahm sich des Problems an. Er wandte seine neuentwickelten mathematischen Methoden der Topologie auf das Problem der kollabierenden Sterne an und erhielt faszinierende Ergebnisse. Nach seinem Singularitätstheorem verhielt sich ein kollabierender Stern genau so, wie Wheeler es vorausgesagt hatte.

Er würde zur Singularität werden, wo die Zeit endet und die physikalischen Gesetze ihre Gültigkeit verlieren. Und selbst wenn der kollabierende Stern ungleichmäßig implodierte, würde die Materie nicht an sich selbst vorbeifliegen und erneut expandieren. Große kollabierende Sterne würden sich zu ihrem Ereignishorizont verdichten und zu einem Schwarzen Loch werden. Bei einem Stern, der zehnmal größer als die Sonne ist, würde dieser Fall eintreten, wenn sein Radius auf 30 km schrumpfte. Doch Penrose gelang der Nachweis, daß der Stern auch jenseits seines Kollabierungspunktes weiter schrumpft. Er würde sich so verhalten, wie es die allgemeine Relativitätstheorie voraussagte. Mit dem Anwachsen der Gravitation würde die Raumzeit immer stärker in das Schwarze Loch gezogen werden. Dieses würde mit zunehmender Intensität schrumpfen, bis es schließlich ein Nullvolumen und unendliche Dichte erreichen würde. Anders ausgedrückt, es würde die Gesetze der Schwerkraft außer Kraft setzen, denn es hätte zwar Masse, aber keine Ausdehnung. Auch Raumzeit und Licht würden nicht nur in das Loch gezogen, sondern schließlich verschwinden.

Alle diese Dinge fänden hinter dem Ereignishorizont statt und seien deshalb nicht zu beobachten. Der Ereignishorizont würde aber weder kleiner werden noch implodieren. Er würde unverändert und an derselben Stelle bleiben, wenn aus dem implodierenden Stern ein Schwarzes Loch würde. Der Ereignishorizont eines Sterns von zehnfacher Sonnengröße hätte einen Radius von 30 km, während der Stern selbst unendlich klein und dicht würde.

Hawking setzte sich detailliert mit Penroses Ideen auseinander, und dabei kam ihm ein höchst origineller Gedanke. Wie viele solcher Gedanken war er einfach, wenngleich die zu seinem Beweis erforderliche Mathematik äußerst kompliziert war. Hawking fragte sich, was geschehen würde, wenn der Ablauf umgekehrt wäre, und dann erweiterte er den Gedanken auf das ganze Weltall. Was wäre, wenn das ganze Universum nichts weiter als ein riesiger kollabierender Stern in umgekehrter Zeitrichtung wäre? Die Zeit verschwindet in ein Schwarzes Loch. Würde der Prozeß umgekehrt, käme es zur Entstehung der Zeit. Genauso mit dem Raum. Materie würde aus einem unendlich dichten, aber dimensionslosen Punkt entstehen. Dieser Punkt wäre nichts weniger als der Urknall, die Schöpfung.

Die Allgemeine Relativitätstheorie galt in beide Richtungen. Mit der Verdichtung der Gravitation konzentrierten sich auch Raumzeit, Materie und Strahlung. Mit der Ausdehnung und Abnahme der Gravitation wickelte sich die Raumzeit auf, und Strahlung und Materie breiteten sich aus. Hawking gelang der Nachweis, daß es in der fernen Vergangenheit eine Singularität gegeben haben muß, welche die Zeit in Gang gesetzt hat. Und wenn das Universum sich nicht weiter ausdehnen würde, sondern sich zusammenzöge, würde es irgendwann implodieren und in einer Singularität enden – im sogenannten Großen Kollaps. Die Frage, was vor dem Beginn des Universums geschah oder nach seinem Ende geschehen würde, stellte sich nicht, denn unter diesen Bedingungen gab es keine Zeit. Raum und Materie würden ebenfalls nicht existieren.

Hawking hatte erklärt, wie das Universum entstanden ist. Er hatte gezeigt, wie der Urknall tatsächlich funktioniert, wie er aus einem allumfassenden, umgekehrten Schwarzen Loch hervorgegangen ist. Die Sowjets bestanden allerdings weiterhin darauf, daß es keine Schwarzen Löcher gebe, und Hoyle verteidigte verbissen seine Steady-state-Theorie. Hawkings erstaunliche Theorie sprach sich schnell herum und gewann viele Anhänger, außer im Universum sowjetischer Prägung. Hawking hatte seinen Ruf als aufgehender Stern am kosmologischen Himmel gefestigt.

Dennoch, die Kosmologie war eine kleine Welt, und Hawkings Ruhm beschränkte sich auf Fragen, die das Universum betrafen.

Unter den Wissenschaftlern von Cambridge war er nichts weiter als eine geniale Randfigur, von denen es viele gab. Doch sein Mythos wuchs. Die jungen Forscher im Gebäude der Fachschaft für angewandte Mathematik und theoretische Physik hatten sich an die zerbrechliche Gestalt mit Brille und Stock gewöhnt, die brüsk jegliche Hilfe zurückwies, wenn sie sich die Treppe hinaufkämpfte und häufig minutenlang keuchend an die Wand gelehnt stand. Es war nun vier Jahre her, seit man ihm nur noch zwei Lebensjahre gegeben hatte, und er kam kaum noch ohne Krücken aus. Er haßte sie, weil jeder sofort sah, daß er behindert war, und außerdem schienen sie ihn noch mehr zu erschöpfen.

Doch Hawking blieb sich selbst treu, und sein Körper war noch weit davon entfernt, nichts mehr leisten zu können. 1967 wurde sein Sohn Robert geboren, und trotz der lästigen Krücken war Hawking nun viele Stunden lang eifrig bei der Arbeit. Sie erfüllte ihn mit Begeisterung. Ironischerweise war er nun glücklicher als vor seiner Krankheit, zumindest behauptete er das.

Doch ohne die stetige, selbstlose Unterstützung seiner Frau Jane wäre dies alles nicht möglich gewesen. Ihr Leben mit einem »mehr oder weniger menschlichen Genie« war nicht leicht, denn Hawking neigte zu den extremen Verhaltensweisen, die diesem Menschenschlag nachgesagt werden. Heftige Zornausbrüche waren nicht selten, und er war noch immer in der Lage, die Stärke seiner Persönlichkeit voll zum Ausdruck zu bringen. Mochte er ein Genie und behindert sein, er wollte wie ein normaler Mensch behandelt werden. Trotz aller Schwierigkeiten war das in der Tat noch immer möglich. Zwischen den beiden Eheleuten bestand eine enge Bindung, und Jane war nicht gänzlich von seiner Arbeit ausgeschlossen. Sie tippte seine handschriftlich verfaßten Artikel ab, und manchmal diktierte er ihr auch mit seiner immer gebrechlicher werdenden Stimme. Seine Artikulation wurde langsam zu einem undeutlichen Stöhnen.

Hawking trainierte sich nun hohe geistige Fähigkeiten an, indem er einen immer größeren Teil seiner Berechnungen im Kopf durchführte. Er ging immer mehr dazu über, nur noch dann über einen Gedanken zu sprechen, wenn er ihn schon ausgefeilt hatte. Seine Gedächtnisleistung, Konzentrationsfähigkeit und gedankliche Organisationsfähigkeit waren beeindruckend – von seiner Willenskraft ganz zu schweigen. Und obendrein war er weiterhin äußerst kreativ – auf höchstem Niveau.

Hawking wurde immer bekannter, und bald arbeitete im Fachbereich für angewandte Mathematik und theoretische Physik ein Team hochbegabter Forscher mit ihm an der Erforschung der Schwarzen Löcher. 1971 hatte er die Idee, daß sich nach dem Urknall eine Reihe von Minilöchern gebildet haben könnte. Diese seien so verdichtet, daß sie Milliarden Tonnen Materie enthielten, und doch nicht größer als ein Photon, jenes Elementarteilchen, das sich mit Lichtgeschwindigkeit bewegt. Hawking verwies auf die Einzigartigkeit dieser Minilöcher: Wegen ihrer enormen Masse waren die Relativitätsgesetze auf sie anwendbar, wegen ihrer winzigen Ausmaße galten für sie jedoch auch die Gesetze der

Quantenmechanik. Das legte nahe, daß diese beiden häufig widersprüchlichen Erklärungen »im Anfang« eins gewesen sein könnten. Es war ein Hinweis darauf, daß es in nicht allzu ferner Zukunft möglich sein könnte, eine »Theorie aller Dinge« zu entwickeln, die Quantenmechanik und Relativität unter einen Hut brachte. Doch zum damaligen Zeitpunkt war an die Verwirklichung von derartigen sensationellen Möglichkeiten nicht im entferntesten zu denken.

Es war sogar genau das Gegenteil der Fall, denn eine Singularität als Folge eines Gravitationskollaps bedeutete, daß alle bekannten Gesetze der Physik ungültig waren. Welch ein Horror, welch eine Schande! Doch der Anblick dieses Gipfels an Unanständigkeit bleibt uns durch eine Art »kosmischer Zensur« erspart: Das Ereignis findet nämlich innerhalb eines Schwarzen Loches statt. Wenn aber die Gesetze der Physik tatsächlich nicht länger galten, war es unmöglich vorherzusagen, was in Zukunft geschehen würde, und das bedeutete, daß die Wissenschaft ein großes schwarzes Loch bekommen hatte.

Vom philosophischen Standpunkt aus sah sich die Wissenschaft nun zwei sensationellen, einander widersprechenden Möglichkeiten gegenüber, die man beide als das Ende der Wissenschaft bezeichnen könnte. Minilöcher waren ein Hinweis darauf, daß man vielleicht eines Tages eine Theorie finden könnte, die alles erklärt. Die gewöhnlichen Schwarzen Löcher hingegen ließen vermuten, daß es nicht möglich ist, eine wissenschaftliche

Erklärung für das Universum zu finden, weil es letztendlich vielleicht gar nicht wissenschaftlich ist. Die Wissenschaft hatte das letzte philosophische Stadium erreicht. Sie lebte gefährlich: Sie würde entweder zur Vollendung geführt werden oder explodieren. Das Ende der Wissenschaft stand bevor!

Doch über solch philosophische Spitzfindigkeit setzt die Wissenschaft sich hinweg. Hawking und seine Kollegen forschten unbekümmert weiter. Es mochte zwar unmöglich sein, in Schwarze Löcher hineinzublicken, in denen die Gesetze der Physik keine Gültigkeit mehr hatten, aber es war immerhin möglich zu raten, was auf diesem verbotenen Territorium geschah. Der Ursprung der Schwarzen Löcher war geklärt, nun ging es darum herauszufinden, warum sie noch immer existierten.

Auf der anderen Seite des Atlantiks hatte Wheeler den Schwarzen Löchern nicht nur ihren Namen gegeben, sondern er hatte auch das »Keine-Haare-Theorem« aufgestellt. Danach erreicht ein Schwarzes Loch rasch einen stationären Zustand, in dem nur drei Parameter gelten: Masse, Rotationsgeschwindigkeit und elektrische Ladung. Nur diese drei bleiben erhalten, wenn sie in ein Schwarzes Loch eintreten.

1974 war es Hawking und seinem Team gelungen, das Keine-Haare-Theorem zu beweisen. Setzen Sie die »Haare« mit den Koordinaten der Dimensionen und den restlichen, daran hängenden physikalischen Stoppeln gleich, die auf dem Weg ins Schwarze Loch abrasiert werden, so daß es nur die kahle, elektrisch geladene, bewegte Masse hineinschafft. Hawking wies nach, wie Wheelers Vermutung mit Hilfe der Relativität erklärt werden kann. Die Gesetze der Physik verloren vielleicht im Inneren des Schwarzen Loches ihre Gültigkeit, aber komplette Anarchie herrschte da drinnen keineswegs.

Für die Dauer des akademischen Jahres von 1974/75 wurde Hawking ans California Institute of Technology eingeladen. Das Caltech ist die angesehenste wissenschaftliche Institution der USA an der Westküste. Dort wirkte der bedeutendste Chemiker des zwanzigsten Jahrhunderts, Linus Pauling, und es ist die Heimat mehrerer Nobelpreisträger. Dazu gehören solch geistige Riesen wie der Bongo spielende Richard Feynman und Murray Gell-Mann, der die Angewohnheit hatte, seinen Entdeckungen Namen zu geben, die er James Joyces Romanen oder buddhistischen Texten entnahm.

Hawking genoß Kalifornien. Er nahm die Gelegenheit wahr, die mächtigen Teleskope auf Mount Wilson zu benutzen, und hielt alle mit Erfolg davon ab, ihn nach Disneyland zu schleppen. Er erwarb allerdings ein großes Poster von Marilyn Monroe, dem noch weitere folgen sollten und mit denen er sein Büro in Cambridge dekorierte.

Ein weiterer Schub seiner Krankheit hatte ihn dazu gezwungen, in den Rollstuhl umzusteigen. Seine Sprechweise war nur noch ein Stöhnen, und außer engen Kollegen und Freunden konnte ihn niemand mehr verstehen. Diesen erdrückenden Behinderungen zum Trotz wurde Hawking 1979 zum dritten Mal Vater. Unverblümt stellte ihn mehrere Jahre später einer seiner Freunde bei einem Vortrag folgendermaßen vor: »Wie aus der Tatsache hervorgeht, daß sein jüngster Sohn Timothy halb so alt ist wie seine Krankheit, ist Stephen offenbar nicht ganz gelähmt!« Die Zuhörer erstarrten vor Verlegenheit, doch die kleine, gekrümmte Gestalt im Rollstuhl setzte ihr berühmtes breites Grinsen auf.

Im Alter von zweiunddreißig Jahren wurde Hawking das jüngste Mitglied der Royal Society. Weitere Preise und Ehrungen folgten. Wie seine ihn lange erduldende Frau Jane sagte, waren die Auszeichnungen »nur der Guß auf dem Kuchen«. Das Leben mit Hawking war nicht einfach für sie. »Ich werde mich wohl niemals mit dem Auf und Ab abfinden können, das wir in diesem Haus erlebt haben – wirklich aus den Tiefen eines Schwarzen Loches zu all den glänzenden Ehrungen.«

Ungefähr um diese Zeit hatte Hawking sein berühmtes Heureka-Erlebnis, das ihn auf den Weg zu seiner größten Entdeckung führte. Eines Abends beim Zubettgehen sinnierte er über die Oberfläche Schwarzer Löcher. Da er hartnäckig darauf bestand, alles selbst zu tun, war das Schlafengehen eine langwierige und mühselige Prozedur, und er hatte eine ganze Weile Zeit zum Nachdenken.

Er überlegte, was eigentlich mit den Lichtstrahlen am Ereignishorizont eines Schwarzen Loches geschieht. Er wußte, daß die Lichtstrahlen, die den Ereignishorizont, also die Oberfläche des Schwarzen Loches, bilden, sich einander nie annähern, weil sie weder entkommen noch in das Schwarze Loch eingesaugt werden können. In einem plötzlichen Gedankenblitz wurde ihm klar, was das bedeutete. Die Oberfläche eines Schwarzen Loches kann niemals weniger werden. Mit anderen Worten, selbst wenn sich zwei Schwarze Löcher verbinden würden, könnten sie einander nicht schlucken. Ihre Gesamtoberfläche könnte nur gleich bleiben oder sich vergrößern. Kleiner werden könnte sie nie. Der Gedanke mag abstrus sein, weder besonders aufregend noch bedeutend. Doch die Implikationen sollten unsere Vorstellung davon, was ein Schwarzes Loch eigentlich ist, total auf den Kopf stellen. Hawking spürte das und wurde so aufgeregt, daß er sich die mühselige Aufgabe, ins Bett zu gehen, ersparte. Er verbrachte eine schlaflose Nacht.

Hawking hatte erkannt, daß das Verhalten der Oberfläche Schwarzer Löcher eine unheimliche Ähnlichkeit mit dem Zweiten Thermodynamischen Gesetz hatte. Dieses besagt, daß in einem isolierten System die Entropie immer gleich groß bleibt oder sich vergrößert. Verbinden sich zwei solche Systeme, ist ihre kombinierte Entropie größer als die Summe der vorherigen Entropien. Letztendlich heißt das, die Unordnung bleibt oder vergrößert sich, wenn man die Dinge sich selbst überläßt. Abnehmen kann sie nie. Hawking nahm hierzu ein Haus als Beispiel: Hört man auf, es zu reparieren, verfällt es immer weiter. Um Ordnung zu schaffen oder Unordnung zu beseitigen, ist Energiezufuhr erforderlich.

Dieses Gesetz liefert eine Erklärung dafür, warum gewisse Prozesse irreversibel sind. Wenn man ein Glas fallen läßt, wird es sich nicht wieder von selbst zusammensetzen. Das würde seine Entropie verkleinern, sofern wir das Glas als ein separates System betrachten. Die Entropie bestimmt die Richtung, in die ein irreversibler Prozeß gehen muß. In gewisser Hinsicht zeigt sie die Richtung der Zeit an.

Warum also erinnert das Verhalten der Schwarzen Löcher an das Zweite Thermodynamische Gesetz? Könnte es bedeuten, daß dieses Gesetz irgendwie für Schwarze Löcher Gültigkeit hatte, obwohl sie zuvor als Objekte betrachtet wurden, für die diese Gesetze ungültig waren?

Bisher basierten alle Berechnungen von Schwarzen Löchern auf der Relativität, mit denen man das Verhalten großer Körper erklären kann. Vorgänge auf subatomaren Ebenen, für welche die Quantenmechanik zuständig ist, waren ausgeklammert worden. Man glaubte, daß subatomare Vorgänge nicht von Bedeutung seien, wenn man sich mit Größenordnungen befaßte, wie sie kollabierende Sterne und Schwarze Löcher darstellten. Hawking zeigte, wie falsch diese Annahme war. Die Quantenmechanik gab einen entscheidenden Hinweis auf die wahre Natur Schwarzer Löcher.

Doch zuerst ist es erforderlich, sich ein wenig mit der Quantenmechanik zu befassen. Die fundamentale und faszinierendste Überlegung zur Quantenmechanik wurde 1927 vom deutschen Physiker Werner Heisenberg vorgebracht. Er war damals gerade sechsundzwanzig Jahre alt und schon ein wichtiger Experte auf dem Gebiet. Heisenbergs große Entdeckung war die Unschärferelation, die besagt, daß es unmöglich ist, die präzise Position und die präzise Geschwindigkeit eines Teilchens gleichzeitig zu bestimmen.

Heisenberg behauptete, dies sei noch nicht einmal theoretisch möglich, weil die Vorstellung von präziser Position und präziser Geschwindigkeit zusammen in der Natur keinen Sinn hätten. Das trifft in der Tat für alles in der Natur zu, seien es subatomare Teilchen, Riesenschildkröten oder Galaxien, doch allein auf atomarer Ebene und darunter werden die auftretenden Abweichungen überhaupt erst bedeutsam.

Diese Tatsache läßt sich anhand des folgenden Beispiels einfach illustrieren: Wir versuchen, die genaue Position eines Elektrons zu bestimmen. Das Teilchen ist jedoch so klein, daß es nur von etwas mit kurzer Wellenlänge aufgespürt werden kann, wie etwa Gammastrahlen. Doch sobald diese Strahlen auf das Elektron auftreffen, beeinflussen sie seine Geschwindigkeit in einer unvorhersagbaren Weise. Es ist unmöglich, die Position des Elektrons zu bestimmen, ohne seine Geschwindigkeit zu ändern. Und je genauer wir versuchen, seine Position zu bestimmen (indem wir immer kürzere Wellen benutzen), desto mehr wird das seine Geschwindigkeit beeinflussen. Gleichermaßen können wir seine Position um so weniger genau messen, je weniger wir seine Geschwindigkeit beeinflussen.

Was für Teilchen gilt, trifft auch für Felder zu, die aus Teilchen bestehend angesehen werden können. Heisenbergs Unschärferelation ergibt erstaunliche Resultate, wenn sie auf den Raum angewandt wird:

- Auch der Raum ist ein Feld. Wie das? Der Raum ist doch per definitionem leer, ein Vakuum.
- Nach Heisenbergs Unschärferelation kann das einfach nicht der Fall sein. Und warum nicht?
- Wir haben gezeigt, daß es unmöglich ist, gleichzeitig den Wert eines Feldes und die Geschwindigkeit, mit der es sich verändert, mit absoluter Genauigkeit zu messen, denn was für Teilchen gilt, gilt auch für Felder.
- Das heißt, kein Feld kann genau Null sein. Das wäre nämlich eine exakte Messung, die nach der Unschärferelation unmöglich ist. Wenn wir also einen leeren Raum hätten, müßte dieses Feld exakt Null sein. Also gibt es keinen leeren Raum?
- Genau. (Oder vielmehr, fast genau!) Und was haben wir statt dessen?
- Nach Heisenbergs Prinzip wird auch im Raum immer eine klitzekleine Unsicherheit bestehen. Und was heißt das?
- Diese Unsicherheit kann man sich als winzige Schwankung von gerade über Null zu gerade unter Null vorstellen – aber auf keinen Fall gibt es exakt Null. Und wie geschieht das?

– Wir können uns das, was sich abspielt, nur folgendermaßen erklären. Wir können nicht Nichts haben, also haben wir statt dessen Paare virtueller Teilchen. Diese erklären die Schwankungen über und unter Null. Und was sind das für virtuelle Teilchen und wie erklären sie die Schwankungen?
– Die Paare bestehen aus einem Teilchen und einem Anti-Teilchen. Das eine ist positiv, das andere negativ geladen. Wenn sie aufeinandertreffen, vernichten sie einander. Diese Paare von virtuellen Teilchen flakkern auf und verlöschen. Das ist die Erklärung für die winzigen Schwingungen über und unter Null. Und was hat das nun alles mit Schwarzen Löchern zu tun?
– Schwarze Löcher befinden sich im Weltall, und das bedeutet, daß sich dieser Prozeß um sie herum abspielt.

Hawking spekulierte, was genau an der Oberfläche eines Schwarzen Loches, auf seinem Ereignishorizont also, vorgehen könnte. Auch dort würden Paare virtueller Teilchen in die Wirklichkeit springen. Doch bevor sie sich gegenseitig vernichten könnten, würden sie dem Einfluß des Schwarzen Loches unterliegen. Das Schwarze Loch würde das negative Teilchen anziehen und gleichzeitig das positive Teilchen abstoßen. Dieses würde in der Form von Strahlung entkommen. Das Schwarze Loch würde also tatsächlich Wärmestrahlung emittieren, d. h. Hitze. Es müßte demnach eine meßbare Temperatur haben.

Gleichermaßen würde die Oberfläche des Schwarzen Loches sich vergrößern, wenn ein Teilchen von hoher Entropie in das Schwarze Loch fiele. Wie wir gesehen haben, entspricht die Oberfläche eines Schwarzen Loches dem Schwarzschild-Radius, der von der jeweiligen Masse abhängt. Ein Anwachsen der Oberfläche eines Schwarzen Loches bedeutet eine Vergrößerung seiner Entropie. Doch wenn es eine Entropie hat, bedeutet das gleichzeitig, daß es eine Temperatur haben muß.

Die Temperatur müßte in Wirklichkeit äußerst geringfügig sein – bloße Millionstel eines Grades über dem absoluten Nullpunkt –, dennoch wäre sie vorhanden. Somit hatte Hawking gezeigt, daß Schwarze Löcher nicht »schwarz« waren. Sie gaben Strahlung ab, Wärme, wie ein Ofen.

Die Implikationen dieser Erkenntnis veränderten die gesamte Theorie der Schwarzen Löcher. Sie waren nun doch keine Gullys im Weltall, in denen Materie, Raumzeit und die physikalischen Gesetze verschwanden. Schwarze Löcher konnten nun als im Universum existierende Objekte behandelt werden. Sie gehorchten dem zweiten Hauptsatz der Thermodynamik, der besagt, daß die Entropie eines Systems stets zunimmt. Das bedeutete auch, daß die Zeit in ihnen nicht aufgehoben war. Somit waren sie nicht länger unsichtbar, sondern konnten mit den physikalischen Gesetzen »erfaßt« werden.

Doch das war noch nicht alles. Indem er die Schwerkraft der Schwarzen Löcher und das Verhalten virtueller

Teilchen miteinander verknüpfte, hatte Hawking zum ersten Mal die Quantenmechanik und die Relativität vereinigt.

Es wurde bald bekannt, daß Hawking mit Ideen aufwartete, die alles auf den Kopf stellten. Folglich wurde Hawking im Februar 1974 zu einer Konferenz nach Oxford eingeladen, um über Schwarze Löcher zu reden. Sie war von dem Mathematiker John Taylor organisiert worden, der sich für einen großen Experten auf dem Gebiet der Schwarzen Löcher hielt. Nachdem die anderen Redner ihre Vorträge gehalten hatten, wurde Hawking in seinem Rollstuhl nach vorn geschoben. Er hielt den Vortrag mit seiner stöhnenden, kaum verständlichen Stimme. Die Zuhörer strengten sich an, ihn zu verstehen, und trauten ihren Ohren kaum. Wenn das, was Hawking sagte, wirklich zutraf, dann veränderte das in der Tat alles. Hawking setzte seinem Vortrag mit einer sensationellen Behauptung die Krone auf: Ein Schwarzes Loch habe Zeit und Entropie, und wie jede Entropie wachse auch diese. Das bedeute, daß sich ein Schwarzes Loch irgendwann in reine Strahlung auflöse – mit anderen Worten: Es würde schließlich »explodieren«.

Die Zuhörer reagierten auf Hawkings Vortrag mit verblüfftem Schweigen. Dann sprang Taylor auf und sagte: »Tut mir Leid, Stephen, aber das ist kompletter Unsinn.« Wütend drehte er sich auf dem Absatz um und stürmte aus dem Saal.

Einen Monat später veröffentlichte Hawking die neuentdeckten Phänomene unter dem Titel ›Explosionen

Schwarzer Löcher?‹ in *Nature*. Dennis Sciama, sein einstiger Doktorvater und Mitarbeiter, bezeichnete den Beitrag als »einen der schönsten in der Geschichte der Physik«. Man hat ihn sogar mit Einsteins Allgemeiner Relativitätstheorie verglichen. Doch auch wenn sein Artikel von grundsätzlicher Bedeutung ist, mit der Relativitätstheorie ist er nicht vergleichbar. Er rief jedoch einen ähnlichen Widerspruch unter denen hervor, die ihn nicht verstehen wollten. Einige Monate später veröffentlichte der verärgerte Taylor eine Antwort in *Nature*, in der er Hawkings Theorie, Schwarze Löcher könnten explodieren, durch den Kakao zog. Doch die Schlacht war entschieden. Taylors Idee und Hoyles Steady-state-Theorie gehörten der Vergangenheit an. Auch die Welt der Wissenschaft ist der Evolution unterworfen; auch hier gilt das Überleben des Tüchtigsten, auch wenn er nicht zu den Spitzenprodukten der Natur zu gehören scheint.

Hawkings Gesundheitszustand war inzwischen alarmierend. Er konnte nicht länger laufen, auch nicht mit Hilfe, und er war gezwungen, einen motorisierten Rollstuhl zu benutzen. Er konnte nicht mehr allein essen, und wenn ihm der Kopf auf die Brust fiel, konnte er ihn nicht mehr heben. Das war ein großer Schlag für diesen stolzen, willensstarken Mann, dem seine Selbständigkeit sehr wichtig war. Doch es gab noch schlimmere Entwicklungen. Seine Artikulation wurde immer schlechter, selbst seine engsten Freunde konnten kaum noch verstehen, was er sagte. Gleichzeitig verlor er die

Fähigkeit zu schreiben. Sein Verstand war auf dem Höhepunkt seiner Leistungsfähigkeit angelangt, doch wie würde er seine Gedanken mitteilen können?
Andererseits, was konnte man eigentlich noch erwarten? Es war inzwischen fünfzehn Jahre her, daß man Hawking eine Lebensdauer von nur zwei Jahren vorausgesagt hatte. Daß er überhaupt noch lebte, war ein großes Wunder, fast so wundersam wie seine kosmologischen Entdeckungen. Die Verbindung ist nicht zufällig, beides deutete auf einen außergewöhnlichen Verstand und Willen.
1979 wurde Hawking im Alter von siebenunddreißig Jahren zum Lukasischen Professor für Mathematik in Cambridge ernannt. Das war der angesehenste Posten seiner Art im ganzen Land. Diesen Lehrstuhl hatten einst Isaac Newton und Babbage, einer der Väter des Computers, inne. Hawking empfand seine Berufung als große Ehre. Einige Monate später fiel ihm ein, daß er das Buch noch nicht unterschrieben hatte, in das sich alle Lukasischen Professoren seit der Einrichtung des Lehrstuhls eintragen. Unter großer Anstrengung leistete er seine Unterschrift. Später sagte er: »Das war das letzte Mal, daß ich meinen Namen geschrieben habe.«
Trotz seiner schlechten körperlichen Verfassung bestand Hawking darauf, am gesellschaftlichen Leben Cambridges teilzunehmen. Er und Jane gingen in Restaurants, nahmen an Parties teil, und der neue Lukasische Professor war rasch ein beliebter Gastgeber. Ohne Jane wäre all dies nicht möglich gewesen. Ein naher

Freund beschrieb sie als »... bemerkenswerte Frau. Sie sorgte dafür, daß er alles tun kann, was auch ein Gesunder täte. Sie gehen überall hin und verzichten auf nichts.« Sein größtes Bedauern galt der Tatsache, daß er nicht mit seinen Kindern spielen konnte. Hawking nutzte sein neues Prestige dafür, sich für die Behinderten einzusetzen. Hier fand seine kämpferische Natur ein Ventil, und er genoß es, den Cambridge City Council mit aggressiven Briefen über das Absenken von Bordsteinkanten und die Anbringung von Rampen zu bombardieren. Der britische Behindertenverband wählte ihn wegen seines Erfolges in diesen Kampagnen zum »Mann des Jahres«.

Hawkings ALS war zwar wieder zum Stillstand gekommen, aber viele seiner Freunde fürchteten, daß er nicht viel länger leben würde. Das Ende sei in Sicht. Hawking nahm diesen Freunden in typischer Weise den Wind aus den Segeln, indem er seiner Antrittsvorlesung als Lukasischer Professor den Titel gab: »Ist das Ende der theoretischen Physik in Sicht?« Es waren viele Zuhörer gekommen, und Hawkings Vortrag wurde von einem seiner Studenten verlesen.

Hawking wandte sich hier zum ersten Mal einem Thema zu, das später zu einer Art Hobby für ihn wurde, seiner »Weltformel«. Sie sollte eine vereinheitlichte, konsistente und vollständige Beschreibung von allem liefern – das heißt alle Elementarteilchen und alle bekannten physikalischen Interaktionen des Universums in einer Gleichung darstellen. Sie würde das Ende der theoretischen Physik bedeuten. Hawking räumte ein, daß es auch danach noch viel zu tun geben würde, aber das wäre dann wie eine Bergwanderung nach der Besteigung des Mount Everest.

Die Hoffnung, daß es gelingen könne, die »endgültige Erklärung« für die Welt zu finden, ist bemerkenswert hartnäckig. Der erste antike Philosoph, Thales von Milet, der im sechsten Jahrhundert v. Chr. lebte, war davon überzeugt, daß das Wasser die Antwort auf alle Fragen sei. Auch während der folgenden Jahrhunderte haben Philosophen und Wissenschaftler immer wieder geglaubt, die »endgültige Erklärung« gefunden zu haben oder kurz vor ihrer Entdeckung zu stehen. Die Kandidaten hießen unter anderem: Feuer, Atem, Atome, die Axiome der Geometrie, Monaden, Schwerkraft, noch einmal Atome, die logische Sprache und noch viele mehr. Als Hawking seine Lukasische Antrittsvorlesung hielt, ging er davon aus, die Theorie bis zum Ende des zwanzigsten Jahrhunderts zu entdecken. Er schlug die Supergravitation $N = 8$ als wahrscheinlichen Kandidaten vor. Seit geraumer Zeit hatte sich der Verdacht erhärtet, daß der Schlüssel zum Universum eine Form der Schwerkraft sein müsse, da die Konstante der Schwerkraft (G) die Struktur des Universums zu bestimmen schien und vielleicht proportional zu dessen Alter war. Doch dann stellte sich heraus, daß die Theorie zu kompliziert und zu wenig umfassend war.

Hawking hat seither seine Auffassung geändert und bevorzugt die Superstring-Theorie. Nach dieser besteht

das Universum aus Größen, die wie eindimensionale Fäden sind, winzigen Teilchen ähnlich. Diese unendlich dünnen Nudeln sollen etwa 10^{-35} Meter lang sein. Vielleicht können sie ja tatsächlich alle bekannten Teilchen und Kräfte zur Mutter aller Spaghetti Bolognese vereinigen. Hawking ist allerdings der Meinung, daß es noch mindestens zwanzig Jahre dauern wird, bis die Superstring-Theorie entwickelt ist. Doch dann ist das letzte Problem gelöst, und wir wissen über alles Bescheid.
Vielleicht sollten wir uns an diesem Punkt auf die Worte Wittgensteins besinnen, als dieser die endgültige Lösung aller Probleme der Philosophie gefunden zu haben glaubte. Erst da wurde ihm nämlich klar, wie wenig damit eigentlich erreicht ist. Anders als die Wissenschaft ist die Philosophie im zwanzigsten Jahrhundert erwachsen geworden, indem sie erkannte, daß es keine endgültige Wahrheit gibt, weder im philosophischen noch im wissenschaftlichen Sinn. Wissenschaft und Philosophie sind einfach Systeme, nach denen wir leben, und auch unsere Vorstellung von diesen Systemen entwickelt sich, Seite an Seite mit unserer Vorstellung von der Wahrheit. Beide Systeme basieren auf unserer Vorstellung von Wahrheit. Sie basieren auch darauf, was uns nützlich ist, und passen zur Weltanschauung, die wir uns aussuchen. Das Superstring-Modell ist möglicherweise nicht in höherem Maß »die Wahrheit« als das Feuer oder die Atome. Oder wird genau so wahr erscheinen, wie Feuer und Atome zu ihrer Zeit als wahr erschienen.

Trotz seiner Krankheit bestand Hawking darauf zu reisen. Er war international bekannt und fest entschlossen, seinen Platz in der Welt der Wissenschaft einzunehmen. Er besuchte die Schweiz, Deutschland und Amerika. Infolge seines schlechten Gesundheitszustandes mußte er sich immer mehr auf sein Gedächtnis verlassen. Mit der für ihn typischen Hartnäckigkeit trainierte er es auf ein phänomenales Niveau. So verblüffte er etwa die Studenten in einem Seminar am Caltech, indem er eine Gleichung mit vierzig Termen nach dem Gedächtnis diktierte. Leider war auch der Quantenguru Gell-Mann anwesend und konnte es sich nicht verkneifen, darauf hinzuweisen, daß Hawking einen Term vergessen habe, falls er sich nicht täusche. Es stellte sich heraus, daß Gell-Mann recht hatte. Wenn es Supergravität und Superstring gibt, muß es auch Supergedächtnis geben.

Anfang der achtziger Jahre begann Hawking damit, Gedanken für ein populärwissenschaftliches Buch über Kosmologie zu diktieren, da er Geld für die Schulausbildung seiner Tochter brauchte. 1985 war der erste Entwurf fertig, und er wollte ihn während der Sommerferien in Genf überarbeiten. Er hatte sich eine Wohnung gemietet und wurde von einer Pflegerin und einem Doktoranden betreut, solange Jane in Deutschland umherreiste. Wenn Hawking nicht am Manuskript saß, fuhr er ins nahe gelegene Europäische Kernforschungszentrum CERN. Dort werden mit Hilfe riesiger Teilchenbeschleuniger (von mehreren Kilometern Umfang) neue Informationen über subatomare Teilchen gewonnen.

Eines Nachts schaute Hawkings Pflegerin auf ihrem Kontrollgang gegen drei Uhr in das Zimmer ihres Patienten und entdeckte, daß etwas nicht stimmte. Hawking war blau im Gesicht und rang nach Luft. Beim Atemholen zog er die Luft gurgelnd durch die Kehle.
Man brachte ihn umgehend ins Krankenhaus, wo er künstlich beatmet wurde. Die Ärzte stellten eine Verengung seiner Luftröhre und eine Lungenentzündung fest – eine typische Komplikation fortgeschrittener ALS. Eine Weile sah es so aus, als würde Hawking den nächsten Morgen nicht überleben. Man versuchte, Jane anhand der Telefonnummern zu erreichen, die sie hinterlassen hatte, und fand sie schließlich in Bonn.
Als Jane am Nachmittag in Genf eintraf, war Hawking zwar außer Gefahr, aber noch immer am Beatmungsgerät. Sie mußte eine schreckliche Entscheidung fällen. Hawking konnte ohne künstliche Beatmung nicht mehr leben; ohne Luftröhreneröffnung hatte er so gut wie keine Überlebenschance. Bei diesem Eingriff muß die Luftröhrenvorderwand geöffnet werden, um eine Kanüle einzuführen, die die Atmung ermöglicht. Das würde ihm zwar das Leben retten, er würde jedoch nie wieder sprechen können. War sie bereit, einen der besten Wissenschaftler seiner Zeit zu ewigem Schweigen zu verdammen? Jane entschied, daß das Leben ihres Mannes wichtiger war als alles, was er möglicherweise zu sagen habe, egal von welch welterschütternder Bedeutung es sein mochte. Der Eingriff wurde vorgenommen, und Hawking verlor die Stimme.

Nach Cambrigde zurückgekehrt, mußten sich die Hawkings erst einmal neu orientieren. Stephen brauchte nun rund um die Uhr teure Pflege, und das waren Kosten, die sich die Familie nicht leisten konnte. Von seiten des britischen Gesundheitsdienstes hatte man vorgeschlagen, ihn in ein Heim für unheilbar Kranke zu stecken. Hawking konnte sich nur noch durch Augenzwinkern mitteilen, während jemand auf die Buchstaben einer vor sein Gesicht gehaltenen Tafel deutete.

Jane schickte Bettelbriefe an Wohltätigkeitsvereine in aller Welt. Zum Glück erhielten sie bald finanzielle Hilfe von einer amerikanischen Organisation. Die Neuigkeit von Hawkings Schicksal verbreitete sich rasch in der wissenschaftlichen Welt. Der kalifornische Computerexperte Walter Woltosz schickte Hawking ein soeben von ihm entwickeltes Programm namens Equalizer. Es erlaubte Hawking, Wörter aus einem Bildschirmmenü von 3000 Begriffen auszuwählen. Die verkleinerte Version eines Sprachsynthesizers wurde von Hawkings Freund David Mason, dessen Frau eine von Hawkings Krankenschwestern war, entworfen und an Hawkings Rollstuhl befestigt. Der Sensor für dieses Gerät konnte mit einer Fingerbewegung bedient werden. Zu mehr war Hawking nicht mehr in der Lage. Hatte er einen Satz gebildet, wurde dieser von einer synthetischen Stimme artikuliert.

Es bedurfte einiger Übung, mit dem Gerät umzugehen, doch nach einer Weile war das hervorragendste Gehirn seiner Zeit in der Lage, zehn Wörter pro Minute hervorzubringen. (In anderen Worten, für den vorhergehenden Satz hätte er fast drei Minuten gebraucht.) »Es ging alles ein bißchen langsam«, meinte Hawking. »Aber ich denke auch ziemlich langsam, und so paßte wieder alles.«

In Wahrheit standen die Dinge nicht so rosig. Er haßte die synthetische Stimme, von der seine Biographen Michael White und John Gribbin mit liebenswürdiger Untertreibung schreiben, sie klinge »nicht roboterhaft«. Jane erinnert sich: »Es gab Tage, da konnte ich einfach nicht mehr. Ich wußte nicht, wie es weitergehen sollte.«

Mittlerweile fuhr Hawking mit der wissenschaftlichen Suche nach dem Heiligen Gral, der »letzten Erklärung«, fort. Um zu einer solchen zu gelangen, mußten die vier bisher bekannten Kräfte des Universums irgendwie miteinander kombiniert werden.

Bei diesen Kräften handelt es sich um:

1. die Schwerkraft. Sie beherrscht die große Struktur des Universums, einschließlich der Galaxien, Planeten und Sterne. Die Gravitation wurde im siebzehnten Jahrhundert von Newton als Anwärter für die »Weltformel« vorgeschlagen und löste das von der vorherigen Philosophengeneration in Frankreich und Deutschland propagierte Uhrwerkuniversum ab.
2. den Elektromagnetismus. Er ist der Klebstoff, der alle Atome zusammenhält und auch allen chemischen Reaktionen zugrunde liegt.
3. die starke Wechselwirkung. Sie hält Neutronen und

Protonen im Kern zusammen und erklärt Reaktionen wie Kernschmelze und Kernspaltung.
4. die schwache Wechselwirkung. Sie ist für den radioaktiven Zerfall verantwortlich.

Diese vier Kräfte trennten sich, als das Universum weniger als eine Nanosekunde alt war. (Eine Nanosekunde ist ein milliardstel Teil einer Sekunde [10^{-9}]).

Wie wir sahen, haben die Überlegungen zur »Weltformel« eine lange Geschichte. Sie sind fast so alt wie die Wissenschaft selbst. Die Theorie in ihrer gegenwärtigen Form entstand erst im zwanzigsten Jahrhundert, als Relativität und Quantenmechanik unser Bild vom Universum völlig veränderten. Ursprünglich war man nämlich davon ausgegangen, daß im Weltall nur zwei Kräfte am Werk seien, die Schwerkraft und der Elektromagnetismus.

In den zwanziger Jahren dieses Jahrhunderts wurden Teile von Maxwells Theorie des Elektromagnetismus mit der Quantentheorie zur Quantenelektrodynamik verbunden. Man nannte sie optimistisch QED, was an *quod erat demonstrandum* am Ende eines geometrischen Beweises denken läßt. Es sah so aus, als könne man mit QED alles erklären, und so behauptete der große deutsche Theoretiker Max Born 1928, in einem halben Jahr gebe es für die theoretische Physik nichts mehr von Bedeutung zu tun.

Aber Borns Befürchtungen waren unbegründet. Sein Job war nicht in Gefahr. Bis QED ausreichend theoretisch abgesichert war (und somit tatsächlich bewiesen worden war), hatte man zwei weitere Kräfte entdeckt, die starke und die schwache Wechselwirkung, die ausschließlich im Atomkern wirken.

Die Wissenschaftler stellten jedoch bald eine merkwürdige Ähnlichkeit zwischen den schwachen Wechselwirkungen und der elektromagnetischen Kraft fest. In den sechziger Jahren entwickelte man eine mathematische Theorie, die beide Kräfte mit einem einzigen Gleichungssystem beschrieb. Sie heißt elektroschwache Theorie und sagte die Existenz von drei bis dahin noch nicht bekannten Teilchen voraus (W^+, W^- und $Z^°$). 1983 wurden diese prompt mit Hilfe des Teilchenbeschleunigers CERN in Genf entdeckt. Zwei der vier Kräfte waren nun in einer Theorie verbunden, verblieben nur noch drei.

Mit QED waren die Theoretiker offensichtlich auf der richtigen Spur. Sie machten sich nun daran, die starke Wechselwirkung (welche die Kernteile zusammenhält) mit einer ähnlichen Theorie zu beschreiben.

Leider waren die Protonen und Neutronen inzwischen weiter geteilt worden. Am Caltech hatte Gell-Mann entdeckt, daß die Elementarteilchen aus fundamentalen Einheiten bestehen. Mit der für ihn typischen Gelehrsamkeit nannte er sie Quarks, nach dem kryptischen Zitat: »Three Quarks for Muster Mark!« Es ist aus ›Finnegans Wake‹ von James Joyce, jenem Meisterwerk der Moderne, das Gell-Mann gern in seiner Freizeit las und das noch schwieriger zu verstehen ist als das Universum.

Und wieder standen die Theoretiker, die überzeugt gewesen waren, alles im Griff zu haben, mit leeren Händen da. Die Quarks machten eine neue Theorie erforderlich, die das Verhalten von Quarks beschreibt. Man arbeitete sie auch prompt aus und taufte sie QCD (Quantenchromodynamik). Dann machte man sich schnell daran, QCD und die elektroschwache Theorie zu vereinigen, bevor noch irgend jemand irgend etwas entdeckte. Die bisher entwickelten Gleichungssysteme werden als Große Vereinheitlichte Theorie oder GUTs bezeichnet (nach dem englischen Grand Unified Theories). Doch diese GUTs waren weit davon entfernt, alles unter einen Hut zu bringen. In ihrer Eile hatten die Theoretiker die Schwerkraft vergessen!

Hawking machte sich an die unendlich schwierige Aufgabe, das Kind aus dem Brunnen zu holen. Er wartete mit einem Gleichungssystem auf, welches die Schwerkraft mit den anderen Kräften verknüpfte. Wie er es ausdrückte: »Wenn wir die Antwort auf diese Frage finden, wäre das der endgültige Triumph der menschlichen Vernunft – denn dann würden wir Gottes Plan kennen.« Das Bestreben, hinter diese geheimnisvolle Größe zu kommen und herauszufinden, wie sie funktioniert, hat ebenfalls eine lange Geschichte. Im fünften Jahrhundert v. Chr. stellte Pythagoras als erster die Hypothese auf, daß der Plan Gottes mit der Mathematik übereinstimmen müsse.

Die Jagd war also eröffnet. Aber wo anfangen? Die $N = 8$ Supergravitationstheorie kam nicht in Frage, weil ihre

Anwendung zu schwierig war. Sie setzte nicht weniger als 154 verschiedene Typen von Elementarteilchen voraus, von denen bisher weniger als drei Dutzend entdeckt sind. Selbst einfache Berechnungen mit einem starken Rechner würden vier Jahre in Anspruch nehmen.

Der nächste Kandidat war die Superstring-Theorie. Doch auch diese Theorie wurde bald so komplex, daß sie zu Gehirnverrenkungen führte. Unter anderem setzte sie nicht weniger als 26 Dimensionen voraus. Um eine solch offensichtliche Unmöglichkeit unterzubringen, muß jeder Punkt im Raum eines 22dimensionalen Raumknotens so aufgewickelt oder verdichtet werden, daß er nur in einer Größenordnung unter 10^{-13} sichtbar wird. Und als ob das noch nicht genug gewesen sei, tauchte auch noch die Wurmlöcher-Theorie auf. Laut dieser Theorie verschwinden Schwarze Löcher in andere Universen, wo sie als Weiße Löcher auftauchen und alles ausspucken, was sie verschluckt haben. Zum Glück wurden dieser übereifrigen Theoretisiererei die Zügel angelegt. Es scheint, daß Weiße Löcher doch ein Loch zu weit gehen. Aber die Wurmlöcher-Theorie bohrt sich noch weiterhin durch den Käse multipler Universen.

Man hat erfolglos versucht, die Superstring-Theorie zu vereinfachen. Viele Wissenschaftler haben es aufgegeben, in ihr die »Weltformel« zu sehen. Es gibt mittlerweile sogar den einen oder anderen, der sich fragt, ob die ganze Sucherei nicht reine Zeitvergeudung ist. Die Abgeklärtheit der Philosophen haben die Wissenschaftler jedoch noch nicht erreicht. Sie geben nicht so leicht auf.

Beharrlichkeit oder Dickköpfigkeit? Die Wissenschaftler sind davon überzeugt, daß die »Weltformel«, sei es TOE (Theory of Everything) oder GUT (Grand Unified Theory) gefunden wird. Nur wird sie einen Haken haben. Wenn nicht ein Wunder passiert, wird sie so kompliziert sein, daß sie unverständlich ist. Und dann sind wir wieder da, wo wir angefangen haben.

Doch es geschehen noch Zeichen und Wunder. 1987 stellte Hawking sein populärwissenschaftliches Buch fertig, und Bantam Books veröffentlichte es am 1. April 1988. Der vollständige Titel lautete: ›Eine kurze Geschichte der Zeit. Die Suche nach der Urkraft des Universums.‹ Bantam Books hatte noch nie ein Buch über ein wissenschaftliches Thema veröffentlicht, doch das Leserinteresse an der Kosmologie stieg. Man war zuversichtlich, daß Hawkings Buch fünfstellige Auflagenzahlen schaffen würde.

Der Rest ist Geschichte. Gleich vom Start war ›Eine kurze Geschichte der Zeit‹ ein Riesenerfolg. Innerhalb von zehn Jahren wurde es in dreißig Sprachen übersetzt und weltweit sechs Millionen Exemplare verkauft. Warum weiß niemand. Es gibt alle möglichen Theorien. Die Leute hätten das Gefühl, man sollte etwas über die Wissenschaft wissen, und das sei eine günstige Gelegenheit, ein gutes populärwissenschaftliches Buch vom besten Mann auf dem Gebiet zu kaufen (nicht notwendigerweise zu lesen). Wenn man es auf seinem

Couchtisch liegen habe, sei man intellektuell »in«. Es gebe ein perfektes Weihnachts-Geburtstags-Dankeschön-Geschenk für Opas, Enkel, Neffen, Onkel und die Generation von Analphabeten ab, die sich nur für Lärm und Computer zu interessieren scheinen. Es sei benutzerfreundlich, ideal als Buchprämie. Die Welt habe das Bedürfnis nach einem neuen Einstein. Frauen schenkten es Männern. Frauen würden es lesen (die Männer nicht) ... Es gab jede Menge Theorien, und die Marktforschung lief auf Hochtouren, denn man wollte herausfinden, wie man den nächsten Bestseller macht.

Nur in einem Punkt schienen sich alle einig zu sein. Das Buch werde zwar gekauft, aber nicht gelesen. Die Leute hätten entweder keine Zeit, wären zu müde, hätten etwas Besseres zu tun etc. Doch das stimmt einfach nicht. Von den vielen verkauften Millionen Exemplaren wurden zumindest einige von hinten bis vorn gelesen. Die Auswirkungen auf die (hauptsächlich jungen) Menschen, die das Buch von Seite eins bis 238 gelesen haben, sind beträchtlich. Es ist keine Übertreibung zu sagen, dieses Buch habe eine neue Generation von Wissenschaftlern hervorgebracht. Zukünftige Nobelpreisträger werden sich entsinnen: Dann las ich eines Tages ›Eine kurze Geschichte der Zeit‹ und wußte, was ich werden wollte. So verändert solch ein Buch die Welt.

Und was ist über das Buch zu sagen? Erstens einmal liest es sich sehr gut. Dann weiß der Autor, aber das ist klar, was er sagen will. Die Theorien sind natürlich schwierig, und es ist keine leichte Sache, sie einfach darzustellen, ohne sie zu verfälschen, aber Hawking schafft es. Hier ein paar Kapitelüberschriften, aus denen hervorgeht, wovon das Buch handelt: Das expandierende Universum, Schwarze Löcher, Ursprung und Schicksal des Universums, Die Vereinheitlichung der Physik.

Am Ende des Buches setzt sich Hawking mit einigen philosophischen Fragen auseinander und geißelt gleichzeitig die Philosophen, die nicht in der Lage seien, »mit der Entwicklung naturwissenschaftlicher Theorien Schritt zu halten«. Hawkings Überlegungen verschwinden vielleicht in ein paar philosophischen Schwarzen Löchern, aber sie sind interessant und wichtig, weil sie zeigen, wie ein zeitgenössischer Spitzenwissenschaftler denkt. Die wenigen philosophischen Annahmen moderner Wissenschaftler mögen auf wakkeligen Füßen stehen oder schlichtweg falsch sein, doch sie finden wenigstens Verwendung und sind produktiv. Aus ihnen ist der Großteil der besten Gedanken unserer Zeit hervorgegangen. Ist die Philosophie also für die Wissenschaft von Bedeutung? Letztendlich scheint Hawking doch dieser Meinung zu sein.

Am Ende seines Buches ›Eine kurze Geschichte der Zeit‹ äußert sich Hawking über das Wesen Gottes und einheitliche Theorien (Theorien für Alles). Er untersucht allerdings weder, ob es diese beiden problematischen Größen überhaupt gibt, noch erachtet er dies als wichtig. Hawking glaubt sehr wohl an die letzteren, aber nicht an den ersteren. Er macht jedoch eine grundsätzliche Bemerkung: »Die übliche Methode, nach der die

Naturwissenschaft sich ein mathematisches Modell konstruiert, kann die Frage, warum es ein Universum geben muß, welches das Modell beschreibt, nicht beantworten.« Wittgenstein, der Philosoph, über den Hawking sich am meisten lustig macht, stellt diese Frage vor siebzig Jahren noch präziser: »Nicht *wie* Welt ist, ist das Mystische, sondern *daß* sie ist.«

Hawking stellt die Frage, ob die vereinheitlichte Theorie so zwingend sei, daß sie ihre eigene Existenz herbeizitiere. Auch das ist schwerlich ein neuer Gedanke. Die mittelalterlichen Philosophen argumentierten, der Begriff der Perfektion müßte auch deren Existenz enthalten, und führten dies als Gottesbeweis an. In Hawkings Universum (oder Universen, ein unmöglicher, aber anscheinend notwendiger Plural) ist nicht viel Raum für Gott. Doch Gott hatte die Wahl, das Universum zu schaffen, auch wenn seine Wahl letztlich keine Wahl war – denn das Universum mußte geschaffen werden, und zwar in der Weise, wie es geschaffen wurde. Warum? »Es ist durchaus möglich, daß es nur sehr wenige vollständige einheitliche Theorien gibt – vielleicht sogar nur eine, zum Beispiel die heterotische String-Theorie –, die in sich widerspruchsfrei sind und die Existenz von so komplizierten Gebilden wie Menschen zulassen, die die Gesetze des Universums erforschen und nach dem Wesen Gottes fragen können.« Solch eine Theorie ist in der gleichen Weise in sich geschlossen wie eine Schlange, die ihren Schwanz verschluckt.

Nach der Veröffentlichung seines Buches wurde Hawking schnell weltberühmt. Man deutete auf das Männlein in seinem motorisierten Rollstuhl wie auf eine Sehenswürdigkeit Cambridges – wenn er überhaupt dort war. Denn nun wollte alle Welt Hawking sehen. Er reiste oft ins Ausland und wurde mit Ehrungen überhäuft. Jane hatte inzwischen eine Lehrtätigkeit in Cambridge aufgenommen, wodurch sie während des Trimesters gebunden war. Die Krankenschwester Elaine Mason begleitete Hawking. Janes Rolle hatte sich verändert. Als die Fernsehdokumentation mit dem Titel ›Master of the Universe‹ gedreht wurde, sah Jane ihre Aufgabe nun darin, ihm »einfach zu sagen, daß er nicht Gott ist«.

Das Ende war wohl unvermeidlich. 1990 kam es zum Bruch zwischen Jane und Stephen Hawking. Hawking zog mit seiner Pflegerin Elaine Mason, die noch mit Hawkings Freund, dem Computeringenieur David Mason, verheiratet war, zusammen.

Bittere Gefühle waren unausweichlich. Die Schuld lag bei allen und niemandem. Es ging alles sehr wissenschaftlich zu: Je vielschichtiger die Situation wurde, um so schwieriger war sie zu erklären. Doch für menschliche Gefühle gibt es nun einmal keine Große Vereinheitlichte Theorie. Möglicherweise ist die »Weltformel« zwar die Theorie für alles, doch nicht für das, worauf es ankommt.

Vom Superstring zu Rauschgold. 1990 war Hawking in Hollywood, wo er Stephen Spielberg kennenlernte. Ein jeder bewunderte die Arbeit des anderen. Spielberg versprach, sich für einen Film über ›Eine kurze Geschichte der Zeit‹ einzusetzen. Hawking schlug vor, der Film solle ›Zurück in die Zukunft‹ heißen. Sie wollten in Verbindung bleiben.

Die Dreharbeiten begannen schließlich in den Elstree Studios in der Nähe von London, wo man ein genaues Modell von Hawkings Büro im DAMTP aufbaute. Wenn er wieder in Cambridge war, um sich wie jeder Schauspieler zu erholen, grübelte Hawking über seine Chancen nach, einen Oscar zu kriegen. »Beste Nebenrolle für das Universum.« Doch leider qualifizierte ihn die Arbeit in den Universal Studios nur für einen Nobel (eine Art Oscar für die Leute, die es im wirklichen Leben nicht schaffen). Hawking war offensichtlich ziemlich interessiert am Nobelpreis – er hat den längsten Eintrag im Register von ›Eine kurze Geschichte der Zeit‹. Doch seine Chancen, ihn verliehen zu bekommen, sind wahrlich gering.

Warum? Wie auf allen wissenschaftlichen Gebieten gibt es auch für diese Frage zahlreiche Theorien. Laut einer wurden Alfred Nobel, dem schwedischen Dynamitfabrikanten, der den Preis stiftete, von einem Kosmologen Hörner aufgesetzt. Folglich habe er bestimmt, sein Preis solle für alle Wissenschaftler mit Ausnahme der Kosmologen bestimmt sein. Dessenungeachtet wurde der Physikpreis einige Male an Kosmologen vergeben. Es existiert jedoch eine ausdrückliche Vorschrift, daß die Wissenschaftspreise ausschließlich für wissenschaftliche Leistungen zu vergeben sind. Zu jener primitiven Zeit um die Jahrhundertwende, als Nobel seine Stiftung ins Leben rief, definierte man als »wissenschaftlich« nur diejenigen Ergebnisse, die beweisbar waren, und zwar in Form von Beobachtung oder Experiment. Verblüffende theoretische Argumente galten nicht als ausreichend. Hawkings Werk ist nicht beweisbar. Er kann nicht sagen: Ich war da und habe den Anfang des Universums gesehen. Die Wissenschaft ist noch nicht einmal in der Lage, die Existenz der Schwarzen Löcher zu beweisen.

Nicht umsonst arbeitet Hawking am Fachbereich für angewandte Mathematik und theoretische Physik. Wenn seine Arbeit bewiesen würde, würde sie zu Experimentalphysik, und das könnte das Ende seines Büros sein. Dort hat Hawking einen Großteil seiner wichtigsten Gedanken hervorgebracht, mit dem Schild: »Bitte Ruhe, der Chef schläft« auf der Tür. Vielleicht sollten wir ihn uns so vorstellen: Eine kleine Gestalt sitzt zusammengesunken in ihrem motorisierten Rollstuhl, von Monitor, Spiegel, einer Fülle von Kabeln und einem Bedienungsgerät umgeben, und vergleicht winzige Berechnungen mit der riesigen Theorie. Auf dem Schreibtisch ihm gegenüber steht ein weiterer Monitor, und die Papiere häufen sich. Von der dahinterliegenden Wand schaut Marilyn Monroe zärtlich auf ihren intellektuellen Schützling herab. Hawking hat seine Umgebung vergessen, er ringt mit dem Universum. Gelegentlich treten leise eine Schwester oder ein Assistent ein und verlassen wieder unbemerkt den Raum.

Jeden Tag um vier Uhr spielt sich das gleiche Ritual ab:

die Teepause. Hawking wird den Korridor hinunter in den Aufenthaltsraum geschoben, wo die Porträts der Lukasischen Professoren an der Wand hängen. Hier findet ein lebhafter Gedankenaustausch zwischen den jungen Forschern des Fachbereichs statt. Man hat ihr Aussehen mit dem einer Rockgruppe an einem schlechten Tag verglichen, und was sie sagen, ist für normale Menschen unverständlich. Die zentrale Gestalt in diesem Kreis sitzt in einem Rollstuhl und trägt ein Lätzchen. Hawkings Tasse wird von einer Pflegerin gehalten, deren Hand die Stirn ihres Schützlings stützt, damit er seinen Kopf senken und trinken kann. Seine Brille rutscht nach vorn auf die Nase, und die schlaffen Lippen schlürfen den Tee, während die jungen Stimmen um ihn herum ernsthaft diskutieren. Manchmal stockt die Unterhaltung, und einer der Anwesenden schreibt eine mathematische Formel auf den Resopaltisch. Wenn wir etwas aufheben wollen, machen wir eine Fotokopie vom Tisch, erklärte Hawking einmal einem Besucher. Manchmal wendet sich jemand aus der Gruppe an die kleine zusammengesunkene Gestalt im Rollstuhl, und diese tippt eine Antwort, die von der unheimlichen Stimme seines Sprachsynthesizers artikuliert wird. Es folgt eine typisch unpassende Studentenbemerkung. Die Gestalt im Rollstuhl strahlt und bedenkt die Anwesenden mit ihrem berühmten Grinsen. Hawking ist in seinem Element, im Herzen seines eigenen mathematischen Universums, eine lebende Legende.

Köpfe

Große Augenblicke in der Geschichte des Universums

Vor 15 Milliarden Jahren: Der Urknall findet statt.
10^{-43} Sekunden später: Die Schwerkraft trennt sich als gesonderte Kraft von den miteinander verbundenen Kräften des Universums.
10^{-36} Sekunden später: Das Universum hat die Größe einer Erbse und die Temperatur von 10^{28} °C.
10^{-12} Sekunden später: Beginn der Inflation. Das Universum besteht hauptsächlich aus Strahlung.
10^{-10} Sekunden später: Die schwache Wechselwirkung trennt sich vom Elektromagnetismus.
1 Sekunde später: Die Temperatur sinkt auf 10^{10} °C.
5 Sekunden später: Bildung der ersten Atomkerne.
1000 Jahre später: Vorherrschaft der Materie über die Strahlung.
1 000 000 Jahre später: Bildung der ersten Atome.
1 Milliarde Jahre später: Entstehung der ersten Galaxien.
5 Mrd. Jahre später: Entstehung der Galaxie der Milchstraße.
10 Mrd. Jahre später: Entstehung des Sonnensystems.
14,999 Mrd. Jahre später: Auftreten der Hominiden auf der Erde.
15 Mrd. Jahre später: Erscheinen von Stephen Hawking.
20 Mrd. Jahre später?: Das Universum erreicht seine größtmögliche Ausdehnung.
35 Mrd. Jahre später?: Beschleunigte Entstehung von Singularitäten (Schwarze Löcher).
40 Mrd. Jahre später?: Der Große Kollaps.

Bücher über Stephen Hawkings Leben und Werk

Stephen W. Hawking:
Eine kurze Geschichte der Zeit. Die Suche nach der Urkraft des Universums, Reinbek: Rowohlt, 1988
Der Welt-Bestseller, in dem der Meister selbst das Universum erklärt.

Stephen W. Hawking (Hg.):
Stephen Hawkings Kurze Geschichte der Zeit. Ein Wissenschaftler und sein Werk, Reinbek: Rowohlt, 1992
Die Geschichte Hawkings, geschildert von Freunden, der Familie und dem Meister selbst.

Michael White / John Gribbin:
Stephen Hawking. Eine Biographie, Reinbek, Rowohlt, 1994
Eine umfassende Biographie, die beinahe keine Wünsche offenläßt.

Gerard Kraus:
Has Hawking Erred? An appraisal of A Brief History of Time, London, Janus, o. J.
Die Sicht der Dinge von einem anderen Standpunkt.

Stephen W. Hawking:
Einsteins Traum. Expeditionen an die Grenzen der Raumzeit, Reinbek: Rowohlt, 1996
Neuigkeiten über Zeit, Universum und die anderen Sachen.

Stephen W. Hawking:
Die illustrierte Kurze Geschichte der Zeit, Reinbek: Rowohlt, 1997
Der Welt-Bestseller, vom Meister aktualisiert und mit zahlreichen Abbildungen versehen.